ADLER WISSA

Afrika vom Licht aus gesehen

Afrika: Die Wiege der Menschheit

Schöpfungswissen

SCHÖPFUNGSWISSEN

BUCH A&O

AFRIKA VOM LICHT AUS GESEHEN

AFRIKA : DIE WIEGE DER MENSCHHEIT

Der nicht helfen will, ihm wird nicht geholfen werden!

Adler Wissa

Von der Morgendämmerung bis heute hat der Mensch das Gute seines Nachbarn, seinen geistigen Bruder als sein eigenes betrachtet, zu plündern oder sogar zu stehlen!

Aber jetzt ist es Zeit, daß die Worte Gottes,

- von Gottheilige Geist, Gottmenschen Imanuel, das Gesetz im Alten Testament

"Vergib deinen Nächsten"

- und von Gottsohn Jesus, die Liebe im Neuen Testament

"Vergib deinen Nächsten"

sind zu erfüllen!

Werden auch die messianischen und millenarischen Prophezeiungen über Christus, namentlich der Messia, erfüllt werden:

- Juden, mit dem Aufkommen von Imanuel,
- Christen, mit dem Aufkommen Jesu
- Muslime, mit dem Aufkommen von Mahdi
- Hindus, mit dem Aufkommen von Kalki
- Buddhisten, mit dem Aufkommen von Maitreya
- Und die anderen...

Für das Glück und den Frieden aller Bewohner der Erde!

Und dies wird erfüllt... mit dem Schöpfungswissen:

" Es werden andere kommen, die aus jedem meiner Vorträge ein und auch mehrere Bücher schreiben können."

Gralsbotschaft
Imanuel

" Nur der Erbauer selbst kann Euch eine Maschinerie erklären, oder der, den *er* dazu herangezogen hat! So ist es hier auf Erden und nicht anders in der Schöpfung! Gerade aber dort wollen die Menschen, die selbst nur ein Teil der Schöpfung sind, von sich aus alles besser wissen als der Meister, wollen keine Unterweisung für Benutzung des Getriebes, sondern wollen selbst die Grundgesetzen lehren, die sie festzulegen suchen nur durch oberflächliche Beobachtung ganz schwacher Ausläufer der Größen, Eigentlichen, das zu *ahnen* sie sich stets verschlossen hielten; von Wissen kann deshalb niemals eine Rede sein!"

Gralsbotschaft
Imanuel

WWW.GRALSWISSEN.ORG

WWW.ADLER-WISSA.COM

WWW.ADLER-MERKUR.ORG

Das Schöpfungswissen

Seitdem der Menschensohn, Imanuel dieses Werk **"Im Lichte der Wahrheit"** Gralsbotschaft, die Gralsbotschaft an alle Menschen, ohne Ausnahme gegeben hat, hat ein neuer Kreislauf in diesem Teile der Schöpfung, Ephesus genannt, zu dem die Erde gehört begonnen.

Jede Änderung, jede Bewegung ist mit einem Wissen gebunden. Dieses Wissen, das die Änderung hervorbringt, das heißt, was die Menschen hier auf Erden Geburt oder Tod nennen, ist aus dem wahren Leben entstanden, das heißt Gott, der Schöpfer, das Licht.

Deshalb ist die Entwickelung, die Veränderung in der Schöpfung natürlich und von Gott gewollt.

Nun wird jeder bewusste Mensch, unabhängig von seiner Rasse, von seiner Religion, von seiner Kultur, von seiner Ausbildung und von seinem sozialen Status durch seine Beobachtungen überzeugt sein, daß wir am Ende einer alten Ära und am Anfang einer neuen Ära im Weltall sind...

Da es eine neue Ära gibt, muß alles neu werden.

Christus, Jesus hat es gesagt ... und Christus, Imanuel hat es geschrieben...

Darum muß alles im Lichte der Wahrheit durch die Flammen des Gerichtes Gottes wiedergeboren werden; zu beginnen mit:

* Der Himmel, von Gottheiligegeist geschaffen, wird vom Griff des Untieres von sieben Hörnern befreit und in seiner ursprünglichen Schönheit wiederhergestellt werden

* Die Erde, von Gottheiligegeist geschaffen, wird vom Griff des Untieres von zwei Hörnern befreit und in ihrer ursprünglichen Reinheit wiederhergestellt werden

* Die Fauna, von Gottheiligegeist geschaffen, wird vom Griff des Menschen, dessen Geist träge ist für das Wohlergehen der tierischen Seelen befreit werden,

* Die Flora, von Gottheiligegeist geschaffen, wird aus den Fängen von denen befreit, deren Verstand für das Wohlergehen der Wesenhaften verbogene ist, befreit werden

Der Mensch, von Gottheiligegeist geschaffen, wird von den Klauen des Bösen, Luzifer, der schon seit tausend Jahren für das Wohlergehen aller Wesen im Weltall gerichtet und angekettet ist,

Der Mensch hat freien Willen, seine Befreiung geht durch sich selbst, indem er seine Denk-, Sprech- und Handlungsart ändert, um wiedergeboren zu werden!

Diese Änderung kommt vom Willen, vom Glauben, vom Wissen!

Damit du deinen blinden Glauben in unerschütterliche Überzeugung verwandeln kannst und dann deine Theorie in wissenschaftliche Wissen und endlich dein Dogma in geistige Wissen, wird das Schöpfungswissen dir gegeben, denn das Gralswissen hat mit göttlichen Offenbarungen zu tun und aber das Schöpfungswissen hat mit menschlichen und persönlichen Erfahrungen zu tun!

Als Mysterien, Geheimnisse offenbaren sich durch göttliche Gesetze, geistige Gesetze, seelische Gesetze und Naturgesetze, du sollst einfach mit deinem Geist leben, um die Geheimnisse aller Lebensbereiche zu entdecken, um ein wahrer Helfer, ein echter Mensch, der von Gott vorausgesehen und gewollt wird zu werden!

Es ist an deine Werke, daß du dich richtest!

Adler Wissa

Um Euch zu begleiten!

Die neue Zeit ist gekommen!

So will es Gott, das Licht, der Herr!

Die neue Zeit für Euch ist die Zeit des Geistes. –

Das neue Reich ist gekommen!

So wird Gott, das Licht, der Herr! Gottvater, Gottsohn Jesus und Gottheilige Geist, Imanuel!

Das neue Reich für Sie ist das Reich der tausend Jahre. Das Reich des Friedens und des Glücks -

Die Begleitung des Lichts geschieht durch das Senden eines Lichtgesandters, der, wie das Sprichwort sagt, die Menschengeister auf dem Weg begleitet, der von der Finsternis zum Lichte der Wahrheit während des Gerichtes Gottes führt.

In diesem Zusammenhang muß der Begleiter geistig ständig die Hände von Begleiteten halten, weil die Menschen auf der Erde geistig unempfindlich, blind, taub, stumm und verkrüppelt geworden sind!

Im Gegenteil, im Rahmen der Hilfe muß der Gesandte von Zeit zu Zeit die Hände seiner Schafe halten, weil die Menschenseelen der Erde zu sehen, zu fühlen, zu sprechen, zu hören und zu gehen dank der Organe Ihrer Seelen gelernt haben!

Und schließlich, im Rahmen der Führung, hält der Bote nicht mehr die Hände seiner Berufenen, weil die Geister der Erde zu sehen, zu fühlen, zu sprechen, zu hören und zu gehen mit ihren Geistern gelernt haben!

Das Bild der Begleitung des Lichts, Jesus wird Euch gegeben durch die Episode des Weges von Emmaus ... Nach seiner Auferstehung, aber auch während seines irdischen Lebens bei seinen

Jüngern!

Das Bild der Begleitung des Lichts, Imanuel wird Euch gegeben durch die verschiedenen Zeugnisse seiner Berufenen ... Nach seiner Auferstehung, aber auch während seines irdischen Lebens bei seinen Jüngern!

Und heute ist das Bild der Begleitung des Wortes, das das Licht ist, Euch durch das Wort selbst gegeben!

Das Wort ist die Botschaft Gottes "Im Licht der Wahrheit" die Gralsbotschaft von Abd-ru-shin

Die Gralsbotschaft ist der wahre Begleiter und wahrer treuer Freund an jedem Ort und zu jeder Zeit, sowohl weltlich als auch geistig!

Und so begleitet das Schöpfungswissen, die aus der Gralsbotschaft entspringt, Euch aus Euren geschlagenen Pfaden, die in allen Gebieten zur gegenwärtigen Unordnung, zum obskuren Labyrinth, zum apokalyptischen Chaos, zum Tod geworden sind... also zu dem gegenwärtigen Gericht! Auf dem Weg des Glücks, des Friedens, des tausendjährigen Reich, des ewigen Lebens im Licht der Wahrheit!

Ordnung in allen Lebensbereichen mit dem Segen der Hand des Herrn ...

Buch A&O

Vorwort

- 13 -

Zu dem, der in Afrika lebt, die Wiege der Menschheit.

Das Licht, Gott, Gottvater, Gottsohn Jesus und Gottheiligegeist Imanuel, heutzutage gibt dir seine heilige Hand durch sein heiliges Wort:

- um dich aus dem Chaos zu herausholen

❖ in der Wirtschaft

❖ in der Gesellschaft

❖ in der Politik

❖ in Sicherheit

Daß du dich erschaffen hast, indem du dich von deinem Verstand verführen lassen wurdest;

- um dich aus dem gegenwärtigen apokalyptischen Chaos herauszuholen,

❖ globale Erwärmung mit dem Element Feuer

❖ Zyklone, Hurrikane mit dem Element Wind

❖ Flut mit dem Element Wasser

❖ Erdbeben mit dem Element Erde

Welche die Genies der Natur, die Wesenhaften, die wahren Diener des Lichts auslösen in Afrika nach dem Willen ihres Herrn, Gott im Hinblick auf das endgültige Gericht...

Und Afrika wird schöner als früher wieder geboren...

O, afrikanischer Mann, all das hängt von dir ab!

Lasst uns dem Herrn für seine unendliche Güte und Weisheit danken!

Möge Gott dafür geehrt werden.

KAPITEL I

DIE URSPRÜNGE VON AFRIKA

« Gott schuf den Himmel und die Erde» (1. Mose 1: 1).

1.1 Gott schuf Afrika
1.2 Wie schuf Gott Afrika?
1.3 Wann schuf Gott Afrika?
1.4 Wo schuf Gott Afrika?
1.5 Warum schuf Gott Afrika?
1.6 Die Ursprünge von Afrika
1. Sein Ursprung
2. Seine Entstehung
3. Der Moment seiner Empfängnis
4. Der Ort seiner Empfängnis
5. Seine Rolle

1.1 Gott schuf Afrika

Gott hat die Erde, namentlich Afrika erschaffen!

Zuerst können wir uns fragen: Ist die Erschaffung der Erde eine Entwickelung?

Und zweitens: ist die Entwickelung der Erde eine Erschaffung?

Viele Menschen, besonders Gläubige und Gelehrte, die ernsthaft nach der Wahrheit suchen, konnten diese Fragen stellen. Und das zu Recht!

Aber wir werden uns nicht in den Kampf nur gegen die Kreationisten und noch gegen die Evolutionisten werfen. Sondern wir müssen über dem Kampf stehen, um jedem von ihnen zu helfen.

Aber wir lesen in der Bibel: "Gott schuf die Himmel und die Erde" (1. Mose 1: 1).

Diese von der Bibel stammenden Worte müssen zuerst in ihrem geistigen Sinn verstanden werden. Denn ist die Bibel eine Sammlung einer Gesamtheit der von Gott geplanten und gewollten geistigen Lehren!

Diese Worte, oder besser einfacher zu sein, diese Lehren wurden mit Freude, Demut und Anerkennung gegenüber Gott von den Menschen, die die Gnade hatten, diese Offenbarungen mit ihrem Herzen zu empfangen.

Im Anfang wurden diese Offenbarungen des Lichtes von den Bewohnern der Erde mit Einfachheit empfangen worden. In jenem Moment kannten die Menschengeister noch nicht die Trägheit des Geistes, welche ist nichts anderes als ein Werkzeug des Falls der Menschen in den Händen von Luzifer!

Aber kam eines Tages die Sünde in diese Welt. Mit der Sünde kamen die geistige Faulheit, die geistige Arroganz, die geistige Eitelkeit. Und im Laufe der Zeit wächst der Verstand ungewöhnlich, das heißt, auf Kosten des Geistes, entsprechend den von Gott gewobenen Gesetzen schon seit dem Beginn der Schöpfung und nahm eine nicht von Gott vorgesehene und gewollte Rolle im alltäglichen Leben von den Menschen auf der Erde. Dieses in der irdischen Welt gebundene Werkzeug fing seine einseitige und positive Tätigkeit an, vor allem durch den Versuch, den Verlust Afrikas zu verursachen.

Aber in dieser großen und schönen Schöpfung kann Afrika in keinen Umständen weder auf Erden in dieser Welt der Grobstofflichkeit, noch im Jenseits, in der Welt der Feinstofflichkeit und noch weniger in der geistigen Welt ausgeschlossen werden.

Durch diese Offenbarungen wollte Gott, das Licht keineswegs Afrika in seinem Vorhaben für die Entwickelung seiner schönen und großen Schöpfung fernhalten.

Diese Offenbarungen ist uns durch diese einfachen Offenbarungen gegeben: « Dann hat der Herr Gott einen Garten in Eden auf der Ostseite gepflanzt, und er setzte den Mann, den er gebildet hatte ... »

Garten und Erde, er hat sie erschaffen!

Die einfachen und deutlichen und klaren Worte! Die Worte, übermittelt von den geistigen Helfern an der Menschheit durch die Menschen dazu berufene von dem Licht!

Als wir sie in der Bibel lesen können, schuf Gott zuerst den Himmel und die Erde. In unserem irdischen Himmel, der mit unseren physischen Mitteln gesehen wird, die zu unserer Verfügung stellen und daher ist es noch keine Rede, vom Jenseits zu sprechen; denn es hat Erstehung der Gestirne im Firmament gegeben, das wir mit unseren körperlichen Augen sehen. Die durch Gott geschaffene Erde bedeckt sich Grün, besonders die Kräuter und die Bäume und von den Gewässern erwähnen wir einfach die Flüsse und die Ozeane. Danach gab es die Erschaffung der Lebewesen, die von Gott geschaffen wurden, namentlich die Vögel, die in die himmlischen Ausmaße fliegen, die Meerestiere in den Gewässern und die Tiere lebend auf Erden. Kam schließlich die Schaffung des Menschenpaares.

Aus diesem Grund war die Erschaffung des Gartens von Eden und des afrikanischen Bodens ein wichtiger Schritt von dem Werk der Schöpfung.

Dieses geistige Werk, besonders die Erschaffung des Gartens Eden und des afrikanischen Bodens muß gut verstanden werden; denn das Schicksal jedes Menschen hängt davon ab.

Oder um genauer zu sein, von jedem von Gott geschaffenen Menschengeister! Unabhängig von Rasse, Religion, Nation, sozialen Stellung und noch weniger von Geschlecht!

So daß die Menschen geistig ihre Herkunft verstehen, es ist mir ermächtigt, Euch neue Bilder von der Schöpfung und den Erklärungen darüber zu geben, besonders über das Werk Jesu, der Gottessohn und über die Gralsbotschaft von Abd-ru-shin "Im Lichte der Wahrheit" so daß jeder Mensch das Wissen schließlich seinen eigenen machen kann, welches ihm durch die Gnade Gottes damit gegeben ist!

Geistig sprechend, das heißt gesehen von der Höhe des Lichtes die Erschaffung von Afrika in der Schöpfung ist die Grundlage von dem Werk Gottes. Ein perfekter Boden tadellos, jungfräulich, gesegnet! Keine Präferenz für einen Kontinent oder einen anderen! Keine Rasse Bevorzugung!

Diese Gewißheit wird uns entweder von den alten Schriften der verschiedenen Religionen gegeben oder von dem meistgelesenen Buch der Welt, namentlich die Bibel, das Alte Testament, im ersten Kapitel der

Urgeschichte, besonders die Schaffung. Wir könnten darin lesen " Am Anfang schuf Gott den Himmel und die Erde. " (1.Mose 1,1).

Klare und einfache Worte, die weder Afrika noch Amerika, noch Asien, noch Europa, viel weniger die Zeit hindeuten, sondern nur den Raum, insbesondere das Weltall, das heißt, einen Himmel und eine Erde, also alle Kontinente auf der Erde gegenüber Gott.

Diese Gewißheit könnte eine Überzeugung mit diesen einfachen und so klaren Worten Jesu werden, das meistgeliebte Wesen: " Ich verließ den Vater und kam in die Welt, ich verlasse die Welt und kehr zum Vater zurück!" Das Wort "Welt" unterstreiche davon, daß Afrika und seine Bewohner, besonders der schwarze Mann, in Bezug auf andere Kontinente, vor allem Amerika, Asien und Europa und ihre Bewohner vor den Gesetzen der Schöpfung geistig gleich sind, also vor dem Willen Gottvaters!

Aber menschlich sprechend, das heißt, von der Einstellung der Menschen, infolge der Trägheit des Geistes diese geistige Gleichheit ist seit Jahrhunderten nicht mehr vorhanden; denn der Verstand durch die Verstandesmenschen alles in dieser irdischen Welt trennen, namentlich Verstandeswände statt geistige Brücke zu bilden!

Im Allgemeinen, nach der Tätigkeit des Verstandes, die Menschen wollen ihre Kontinente in Bezug auf andere vergleichen, aber leider sie tun dies oft auf der Grundlage der materiellen Reichtum ihrer Bewohner. Aber wenn sie sich für den Reichtum Afrikas interessieren, ist es einfach nur um ihn auszunutzen und ihn einseitig zu plündern.

Diese Art von Bestätigungen zeigt genug die geistige Unreife der Erdenmenschen, ob sie gläubig oder atheistisch sind!

Wie wir einen Kontinent sehen werden, der das indirekte Werk Gottes auf Erden ist, so hat ein Teil des Weltalls nichts mit seinem Bewohner zu tun. Ein Mensch, der nur ein Geschöpf Gottes ist und daher ein Entwickelungsgeist ist, braucht einen Kontinent, einen Boden für seine irdische und geistige Entwicklung. Und er kann schwarz sein und aus Afrika geboren werden oder weiß und auf demselben afrikanischen Kontinent geboren werden!

Aber die Erde wird von Gott in Kontinenten geschaffen, weil die Erdenmenschengeister diese physischen Böden in ihren irdischen, seelischen und geistigen Aktivitäten brauchen!

Aber was ist dann die Erde? Wie der Satz in aller Einfachheit sagt, "Gott schuf Himmel und Erde", und infolgedessen ist die Erde logischerweise die Analogie des Himmels. Das heißt das Paradies! "

So ist das Paradies der Himmel, den Gott erschaffen hat. In der gleichen Richtung ist das Bild Gottes ist nicht Gott selbst, aber einfach seine Form. Also ein Bild, das er sendet, oder wendet bei den seinen, den Erwählten.

Aber kann der Geist Gottes unmittelbar das, was geistig ist, erschaffen und mittelbar das, was stofflich ist!

Aber der Begriff vom Garten Eden ist noch bei den Menschen der Erde verwirrt, weil sie geistig unreifen in jeder Beziehung sind. Deshalb werden wir diese Frage nicht einfach mit irdischen Worten unserer Sprache beantworten, um eine einfache Definition zu geben, sondern ich werde weiter gehen.

So werde ich euch geistig die biblische Urgeschichte des Himmels und der Erde in einem anderen Buch erklären, so daß jeder Mensch das Wissen schließlich seinen eigenen machen kann, welches ihm durch die Gnade Gottes damit gegeben ist!

Doch einige träge Geister könnten sagen, daß Gott alles erschaffen hat. Infolgedessen wäre der Garten Eden irdisch! Es wäre zu einfach, weil sie nicht sehen, daß es einige Nuancen zwischen diesen beiden Fragen gibt.

Die erste hat mit der göttlichen Erschaffung zu tun; denn nur Gott kann erschaffen, aber die zweite ist die geistige Entwicklung; denn es geht nicht mehr um Gott.

Aber nur Jesus und Imanuel haben diesen Begriff von aller Ewigkeit her, nicht einmal die Erzengel in dem göttlichen, oder noch sogar die Propheten im Paradies, noch weniger die Menschen auf der Erde.

Lasst uns dies im Auge behalten: "Gott schuf Himmel und Erde" 1. Mose (1,1)

Dies ist ein geistiges Geschehen von großer Bedeutung. Und so Gott schuf Afrika.

1.2   Wie schuf Gott Afrika?

Die Erschaffung Afrikas war streng den Gesetzen Gottes von Anfang der Schöpfung unterworfen. Aber die Gesetze der Schöpfung sind der Wille des lebenden Gottes! Und nichts kann von dem heiligen Willen Gottes in dieser Schöpfung entkommen. Es ging nicht anders mit der Erschaffung von Afrika in dieser wunderbaren Schöpfung.

Wie ich anfangs erwähnt habe, schuf Gott den Himmel und die Erde.

Wir könnten es in der Urgeschichte lesen:

„ Und Gott sprach: Es sei ein Firmament inmitten der Wasser, und lass es das Wasser von den Wassern teilen.

Und Gott machte das Firmament und teilte das Wasser, das unter dem Firmament war, aus den Wassern, die über dem Firmament waren, und es war so.

Und Gott rief den Firmament Himmel. Und der Abend und der Morgen waren der zweite Tag.

Und Gott sprach: Laß das Wasser unter dem Himmel zu einem Ort versammeln und das trockene Land erscheinen lassen, und es war so.

Und Gott rief die trockene Erde, Und die Versammlung der Gewässer nannte ihn See und Gott sah, daß es gut war."
(1. Mose 2, 6-7).

Hier handelt es sich um eine Welt ohne Materie. Es genügt uns den Ausdruck "Wasser" durch den Ausdruck "Bestrahlung" oder "Samen", zu ersetzen, um teilweise die Antwort auf unsere Frage zu finden.

Zunächst wird diese Formel jetzt ein wenig seltsam klingen, vor allem diejenigen, die die Bibel als Referenz nehmen. Von Anfang an werden sie schockiert, verärgert sein... Aber es ist ein guter Anfang, weil ihre Geister bis jetzt in ihren physischen Körper schliefen. Angekettet durch den Verstand, der nichts anderes als das Produkt des Gehirns ist.

So daß der Geist erwachen kann, braucht dieser die Übung. Und allein kann das Schöpfungswissen ihm die Übungen im Hinblick auf sein geistigen Erwachen geben und somit Meister über seinem Erdenkörper und seinem Werkzeug, dem Verstand zu werden!

Und schließlich das Werk von Abd-ru-shin "Im Lichte der Wahrheit" Gralsbotschaft zeigt nun ihm den Weg zum Heiligen Gral, zum Paradies und gibt ihm die Kraft des Heiligen Geistes für seinen Aufstieg zum ewigen Gärten Gottvaters!

So bildet der Herr Gott den Himmel des Wassers, der von der Oberhalb des Himmelgewölbes und der Erde des Wassers kommt, das von dem unter dem Firmament kommt.

Hierbei handelt es sich um zwei Begebenheiten in der Schöpfung: erstens die Trennung des Wassers in zwei und zweitens die Trennung des Wassers und des Trockenen; was bedeutet hier die Bildung von Land, Boden, vor allem Afrika.

Die Einzelheiten von den Erklärungen dieser zwei Vorgänge sind den Personen vorbehalten, die ins Schöpfungswissen eingeweiht werden und die in der Tat nach den Prinzipien Christi oder den Prinzipien des Lichts oder des Grals oder noch in aller Einfachheit nach dem Heiligen Willen Gottes leben wollen, der nur nichts anderes als die Naturgesetze ist, die in dieser großen Schöpfung gewoben sind!

Aber ich werde noch einige Schleier für die aufrichtigen Suchenden aufheben, die nach dem Lichte der Wahrheit hier unten auf der Erde suchen und die viele gespürten geistigen Fragen sich stellen und das ohne Antwort geblieben sind, und daß ihre Schreie nicht ohne Widerhall in diesen seelischen Tiefen bleiben!

Diese einfachen Menschen, die nach dem Licht und der Wahrheit suchen, werden häufig abgelenkt von den Experten der Bibel, jene Theologen, die ihre starren Dogma, blinden Glauben oder Stein, anstatt des Brotes des Geistes, das unmittelbar erfrischt, bieten.

Und die Rede der Bibel ist maßgebend; ich erkläre Euch, die Vorgänge der Erschaffung der Dinge, welche er selbst, der Menschensohn, der Allwissende in seiner Gralsbotschaft erwähnte.

Ihr, die mit Ernsthaft und Demut sucht, meidet diese Leute mit gelehrten Sätzen und indem sie das Wort der Bibel als ein unwiderlegbarer Beweis nehmen, anstatt zu verstehen und zu suchen, sich die geistigen Lehren eigen zu machen, die darin vermittelt werden.

Meiden wir sie wie unser Retter und Herr Jesus Christ und auch unser Erlöser und Herr Imanuel haben uns gelehrt, die Pharisäer zu meiden, die die Gesetze und die Schriften buchstäblich kannten! Wo sind sie jetzt?

Weder der eine noch der andere haben die Bibel, die Gesetze oder die anderen heiligen Schriften verstanden...

Sicher haben sie sie mit ihrem Kopf studiert, aber sie haben sie nicht in ihnen erlebt, mit ihrem Herzen! Das heißt, sie haben sie nicht in ihren Seelen assimiliert und noch weniger in ihren Geistern!

Sie sind tot im Geiste!

Diese Worte von Jesus werden für sie bestimmt " laßt die Toten ihre Toten begraben!"

Ihr, die nicht unter den Toten gezählt werden wollt, hört dies: Die Bibel enthält geistige Lehren und nur ein Lebendiger, der von dem Licht zu diesem Zweck berufen ist, kann sie Euch lehren, aber nicht ein Toter. Auch wenn dieser von einer Elitehochschule oder eine Universität, spezialisiert an der Theologie oder dem Geheimnis der Spiritualität oder der Gottheit oder dem Okkultismus... kommt.

Ich wiederhole das, was ich im Anfang von diesem Buch erklärt habe: Gott, der Alleinige und gleichzeitig Dreieinige, hat keinen Kontinent- oder Landpräferenz als solcher. Denn seine Vollkommenheit und seine Gesetze können es nicht zulassen!

Jesus, der Sohn Gottes, hat weder eine Kontinent- noch Landpräferenz auf Erden. Es ist egal für ihn, ob du in Afrika oder Europa geboren bist. Er selbst hat nicht gesagt, was der Mensch sät, er wird ein hundertfach ernten...

Imanuel, der Menschensohn, hat auch keine Kontinent Bevorzugung, denn die Gesetze seines Vaters sind überall in der Welt gleich, ob wir auf dem europäischen, amerikanischen, asiatischen oder afrikanischen Kontinent oder sogar auf einer Insel sind!

Die Bibel enthält die von Gott gewollten und geplanten geistigen Lehren, die von den Berufenen, die Gnaden hatten, diese Offenbarungen zu empfangen und die Zeugenaussagen davon zu machen. Aber Ihr dürft nicht vergessen, daß diese Diener Gottes nicht dazu berufen sind, die Dinge zu erklären, sondern zu zeugen!

Eine Ausbildung ist durch Stufe um Stufe gemacht, wie wir erleben sie hier auf Erden mit unserem Grundschulunterricht für die kleinen Kinder, den Realschul- und Gymnasialunterricht für die Jugendlichen und den Universitätsunterricht für die Erwachsenen.

Zum Beispiel in der Grundschule lernen die Kinder zuerst die Berechnungsgrundlagen, besonders die Addition und die Subtraktion. Fügen dort die Multiplikation und die Teilung hinzu. Kommt danach die sekundäre Schule oder Gymnasium mit Unterricht in Algebra, Gleichungen, Funktionen... Und schließlich in den Elitehochschulen lernen sie die Spezialitäten, und sie machen Forschungen...

Es ist genau dasselbe in der geistigen und seelischen Welt. Auf Erden ist das geistige Wissen den Menschengeistern Schritt für Schritt gegeben. Gott gab Offenbarungen, eine nach dem anderen... infolge der Gesetze der Entwickelung.

Und die Bibel offenbart sie auf diese Weise:

Im ersten Kapitel der Urgeschichte ist es die Offenbarung der Erschaffung des Weltalls bei Gott.

Im zweiten Kapitel der Entstehungsgeschichte ist es die Offenbarung der Entstehung und Entwicklung des Bodens und des Gartens von Eden. Und so weiter.

Ihr seht selbst wie ein solcher Mann mit dem besten Wollen kann sich irren, indem er blindlings glaubt und die Worte der Bibel buchstäblich nimmt.

Daher ist darauf zu achten, daß man nicht einmal in Versuchung fällt indem man auf den Experten mit dem Finger zeigt. Denn es ist nicht so einfach, denn auch die Jünger, die Apostel von Jesus, und oder von Imanuel kämpften darum, die Worte ihres Meisters auf der Erde zu verstehen.

Dieser Experte irrt sich, weil er die Offenbarungen in der Bibel mischt. Natürlich unabsichtlich und unwissentlich!

Sicher hat er das Recht, dies zu machen, aber er hat nicht einfach ihn nicht verstanden! Damit die Menschen ihn verstehen können, brauchen sie die Erklärungen von Abgesandten Gottes.

Als versprochen, vor zwei tausend Jahren durch Jesus, Abd-ru-shin in seinem Werk "Im Lichte der Wahrheit" Gralsbotschaft hat die ganze Wahrheit und die Erklärung von der Schaffung und den Ursprüngen von dem Weltall erklärt. Er hat die Vorgänge von der Schaffung von der geistigen Welt und von der stofflichen Welt, namentlich die Entwickelung mit einfachen und klaren Worten erklärt!

Dieses Bibelbild von der Erschaffung Afrikas, das so gegeben wird, handelt es sich um zwei Begebenheiten: das Schaffen und das Beleben. Das Schaffen und das Beleben von dem Weltall.

Es ist ein Prozess der Spaltung, die im Jenseits zwischen geistigen, seelischen und materiellen Tätigkeiten auftritt. Diese Spaltung könnte nur durch das Beleben oder durch die Tätigkeiten der Diener Gottes in seiner Schöpfung stattfinden.

Man darf nicht vergessen, daß dieser Prozeß der Spaltung nicht nur in der Schöpfung geschieht, um die negativen und positiven Elemente zu trennen, sondern auch innerhalb dieser beiden Elemente, um sie noch mehr zu trennen, um die Niederschläger der Ausstrahlungen, namentlich neuer Welten, neue Länder hervorzubringen!

1.3   Wo schuf Gott Afrika?

Das ist der Begriff des Raums!

Aber in diesem Augenblick konnten wir noch nicht von der Erde als solche sprechen!

Wir könnten darauf antworten, daß es im Garten Eden geschieht, wie es geschrieben steht:

"Und der Herr Gott pflanzte einen Garten in Eden, nach Osten, und dort setzte er den Mann, den er gebildet hatte ..." (1. Mose 2,7-8).

Aber beim Lesen dieser vielen biblischen Berichte sehen wir, daß der Garten Eden nicht wirklich der Ort der Erschaffung des schwarzen Weibes und des schwarzen Mannes ist, weil Gott sie dort nach ihrer Entstehung niedergeschlagen hat. Also der Ort der zweiten Geburt.

Deshalb ist der Garten Eden der Ort der Tätigkeit und des Wohnsitzes der Menschenseelen. Nicht von den Menschenkörpern!

Wo ist eigentlich die Schaffung Afrikas stattgefunden.

Denn jetzt wollen wir einfach darauf antworten, daß Gott den Himmel und die Erde in der geistigen Welt, dem Paradies, gebildet hat. Aber der in der Bibel erwähnte Garten Eden gehört nicht zu diesem geistigen Paradies, dem Ursprungsort des Menschengeistes.

Aber es ist im Garten Eden, das die zweite Geburt vorkommt, besonders die Formung der Seele des schwarzen Mannes. Für die dritte Geburt, vor allem die Bildung des Erdenkörpers des Schwarzen, geschieht dies auf Erden, vor allem in Afrika.

Diese von Gott geplante und gewollte Bildung wurde den Menschen, die zu diesem Zweck berufen wurden, durch dieses Bild gegeben, das durch diese Worte nach der geistigen Aufnahmefähigkeit der Menschen im Entwicklungsprozess auf der Erde übersetzt wurde.

Entsprechend ihrer Aufnahmefähigkeit ist es dieses Bild, welches Gott, das Licht der Menschheit im Anfang ihres geistigen Erwachens gegeben hatte!

Es geht auch um die Bildung von geistigen Strahlungen von jedem Kontinent! Und gemeinsam von der ganzen Erde!

1.4   Wann schuf Gott Afrika?

Das ist der Begriff der Zeit!

Manche würden sagen, daß seine Formung mit der Formung der Erde stattgefunden hat. Die anderen würden auf der anderen Seite sagen, daß dies alles schon in der uralten Zeit getan wurde!

Mögen diejenigen, die blindlings die Bibel lesen, die diesen biblischen Geschichten für sie selber rezitieren:

"Und Gott sprach: Laß das Wasser unter dem Himmel zu einem Ort versammeln und das trockene Land erscheinen lassen, und es war so.

Und Gott rief die trockene Erde, Und die Versammlung der Gewässer nannte ihn See und Gott sah, daß es gut war.

Und Gott sprach: Laß die Erde Gras hervorbringen, das Kraut, das Samen hervorbringt, und der Fruchtbaum, der nach seiner Art, deren Samen in sich ist, auf der Erde Früchte bringt, und es war so.

Und die Erde brachte Gras hervor, und Kraut, das Samen nach seiner Art gab, und der Baum, der Frucht gab, dessen Samen an sich war, nach seiner Art, und Gott sah, daß es gut war.

Und der Abend und der Morgen waren der dritte Tag."

Mose (1. 9-13)

Der dritte Tag muß in einem geistigen Sinn verstanden werden. Ich werde darüber eines Tages zurückkommen.

In Anbetracht von allem, was wir gelehrt haben, haben wir das Recht, uns diese Frage zu stellen: Infolge des Lesens dieser biblischen Geschichte:

"Und der Herr Gott pflanzte einen Garten in Eden, nach Osten, ..."

Die erste Reaktion wäre, zu sagen, daß der Boden des Menschen einer bestimmten Rasse Eden sein würde, also der erste Kontinent, der erschaffen wurde und dann viel später auch die anderen Böden, namentlich die anderen Kontinente, wurden erschaffen!

Diese Schlussfolgerung ist auch falsch und gleichzeitig richtig!

Ich äußere mich darüber.

Das hängt davon ab, wie wir die Dinge in der Schöpfung sehen, denn die Berufenen, die die Offenbarungen Gottes über die Schöpfung empfingen, sahen die Dinge in großem Teil von unten nach oben.

Aus diesem Grund haben wir einerseits Völker, die Offenbarungen empfangen hatten, die sie lehrten, daß ihr Land zuerst geschaffen und gesegnet wurde im Vergleich zu anderen Ländern.

Nur Jesus und der Heilige Geist, der Geist der Wahrheit, der von Jesus angekündigte, der schon die ganze Wahrheit gelehrt hat, und die ganze Wahrheit kennt; sie sehen die Dinge von oben nach unten. Einige Diener von den Höhen des Lichtes und von Gott gesandt sind können auch nach dem Willen des Lichts die Dinge von oben nach unten auf der Erde   sehen.

Aber von unten nach oben gesehen, wie es in der Bibel erwähnt ist, ist der Garten Eden das Haus, das Gott allen Menschengeistern gegeben hat, nicht nur einer einzelnen Rasse oder einem bestimmten Volk.

Ich wiederhole es hier, daß Gott keine Präferenz hat und keineswegs auf eine willkürliche Weise eingreift. Das Schaffen und das Beleben sind streng in den in der Schöpfung erstellten Gesetzen von Gott unterworfen worden. Selbst das Schaffen und das Beleben des schwarzen Mannes sind im Rahmen dieser gleichen Gesetze unterworfen worden. Keine Handlung vom Gottes Willen wird sich diesen unabänderlichen Gesetzen nicht widersetzen, die den sehr heiligen Willen von Gottvater in ihnen tragen.

Ebenso jede Offenbarung des Lichtes wird sich unter Berücksichtigung von Gesetzen abspielen, daß entsprechend diesen Gesetzen sie sich im Rahmen dieser Gesetze erfüllen muß und nicht anders!

Also die Bibel schon seit dem Anfang lesend, könnten wir sagen, daß die erste Offenbarung uns die Entstehung der Dinge ankündigt. Danach die zweite Offenbarung in der Bibel kündigt uns das Beleben derselben Dinge an.

Aber in Wirklichkeit, aus dem Licht gesehen, sind alle Kontinente der Erde zugleich erschaffen!

Mit den neuen Offenbarungen aus Gottvater, Abd-ru-shin in seiner Gralsbotschaft kündigt uns an, daß die Gärten Eden in der Nähe des Lichtes Gottes nach den Urgeschaffenen geschaffen sind!

1.5   Warum schuf Gott Afrika?

Damit wird der schwarze Mann "selbstbewußt", um über andere Arten und die stoffliche Welt zu "regieren"!

Wie das Licht uns in der Gralsbotschaft lehrt, "regieren" bedeutet geistig "dienen"! Denn Gott zu dienen bedeutet, sich zu dienen! Andere zu dienen ist, sich selbst zu dienen!

Aber einige Erleuchtete haben die Kühnheit gehabt, sich zu dienen, also wollen sie über andere herrschen, anstatt gute Winzer in den Weinbergen ihres Herrn zu sein!

Es kommt ihm nicht zum Gedanke, daß ohne andere Arten, ohne seinen Körper, der von der gleichen Art wie die andere Arten ist, es würde kein Menschenleben auf Erden gegeben haben.

Für sie, was zählt, sind ihre Interessen. Und da ihre Interessen auf Erdengüter und Erdenfreizeit beschränkt sind, könnten wir sie unter den Armen, den Unwissenden und den Unrealistischen einordnen.

Ein Mensch, der nach dem Willen Gottes nach geistigen und ewigen Gütern strebt, ist geistig und materiell reicher als diese sogenannten Materialisten.

Diese Antwort wird in der Urgeschichte in diesen Ausdrücken beantwortet:

"Und der Herr Gott sagte: Es ist nicht gut, daß der Mensch allein sein sollte; Ich werde ihm eine Hilfe für ihn treffen.

Und aus dem Boden bildete der Herr Gott jedes Tier auf dem Feld und alle Vögel der Luft; Und brachte sie zu Adam, um zu sehen, was er sie nennen würde, und was Adam jedes Lebewesen nannte, das war der Name. " 1.Mose (2, 18-19)

Gewiß geht es hier vor allem um das Weib, das seine andere Hälfte sein sollte, weil der Mann nur ein Teil ist, besonders der positive Teil! Aber in seinem Leben braucht er nicht nur das Weib, welches der negative Teil ist, sondern auch seinen Nachbarn, so daß es eine harmonische und geistige Schwingung in der ganzen Schöpfung Gottes geben wird!

Deshalb darf man gar nicht sehen, daß eine Art in jeder Hinsicht einem anderen untergeordnet werden muß. Schon der Begriff "Boden" verbietet dem Menschen, diese Vorliebe zu beherrschen und die anderen Arten zu beherrschen.

Das Wort " Fleisch" muß in seinem seelischen Sinn verstanden werden. Dies gibt dem Tier einen anderen Status in der Schöpfung als der, es derzeit auf der Erde hat, namentlich das sogenannte Lebensmittelfleisch. Denn in der Schöpfung gibt es keine obergeordneten, keine zwischengeordneten und noch weniger untergeordneten Arten!

Diese Einheit des Fleisches bildet "eine Familie" auf der Erde, weil alle lebenden Spezies aus dem "Grund" kommen! Hören wir nicht den Begriff "Liebe" geben uns Begriffe voller Wärme sowohl im sozialen und als auch im ökologischen Leben...

Aber es ist zu beachten, daß der Durchgang auf der Erde die wichtigste Schule in seinem Verlauf der Bildung im ganzen Weltall ist! Nirgendwo sonst in der schönen, großen und wunderbaren Schöpfung Gottvaters, kann er während seiner Entwicklungsreise geistige Schule für den Menschengeist finden, um sich selbst bewusst zu werden!

Daher die Notwendigkeit der Gralsschulen auf Erden für das Aufkommen des Reichs von tausend Jahren.

Aus diesem Grund, setze ich alle Hebel in Bewegung, damit jeder Mensch, der nach dem Lichte der Wahrheit mit Demut und Ernsthaft sucht, diese Hilfe finden könnte, welche jeder für sein persönliches Heil und für das Heil aller auf Erden lebenden Wesen braucht.

1.6 Die Ursprünge Afrikas: Eden

Die geistigen Ursprünge, das heißt, was hier sein seelisches Wesen betrifft, haben mit dem Garten Eden in diesen biblischen Worten zu tun:

"Dann hat der Herr Gott einen Garten in Eden gepflanzt, auf der Ostseite ..."

1.6.1   Sein Ursprung

Bisher habe ich absichtlich von Afrika im allgemeinen Sinne gesprochen, anstatt den Namen Eden zu benutzen.

Eden ist ein bestimmter Boden oder Garten, der von Gott geschaffen wurde, um die Heimat für die Menschengeister zu sein.

Eden symbolisiert das Land, das der Heilige Geist in der Schöpfung geschaffen hat. Es ist das Modell also der Boden oder der Garten in der Schöpfung. Eden ist das Vorbild der Gärten in der seelischen Welt und folglich kann Eden nicht das ursprüngliche Modell aller Gärten in der großen Schöpfung sein!

So ist Eden ein Modell in der Nachschöpfung.

Deshalb ist Eden Afrika, der Erdenboden, ein Kontinent auf Erden. Unabhängig von der Höhe, der Länge oder der Position des Äquators.

So kann Eden nur das Modell des Bodens oder Gartens auf Erden oder im Jenseits sein.

Der Ausdruck Eden wird in seinem wahren Sinne verwendet; es ist ein Boden, der aus der Welt des Jenseits kommt. Sagen wir einfach die geistige Welt. Aus diesem Grund wird dieser Boden Garten genannt.

Das Bild der Urgeschichte wurde so gegeben, um die Menschheit zu einer gegebenen Zeit zu belehren. Und dieses Bild ist geistig.

1.6.2   Seine Entstehung

Nach meinen Erklärungen kann Eden nicht der erste Garten in der Schöpfung sein. Es war nicht die physische Wohnstätte der Erdenmenschengeister als solche. Und es wurde nicht als solches auf der Erde geschaffen.

Eden ist ein symbolisches Modell der Gärten Gottes.

1.6.3 Der Ort ihrer Empfängnis

Der Bestehen-Ort von Eden ist die ganze Schöpfung.

Die Pläne der Schöpfung sind die Urgeistige Welt, die unmittelbar von dem Heiligen Geist geschaffene wurden, kommt danach die geistige Welt, später die feinstoffliche Welt und schließlich die grobstoffliche Welt.

Eden stellt den Garten oder den Boden in jedem Teil der großen Schöpfung dar.

Eden stellt den Garten oder den Boden der urgeistigen Welt dar, den Aufenthaltsort der Ritter.

Eden stellt den Garten oder den Boden der geistigen Welt dar, den Aufenthaltsort der Menschengeister.

Eden stellt den Garten oder den Boden der feinstofflichen Welt, den Aufenthaltsort der Menschenseelen.

Eden stellt den Garten oder den Boden der grobstofflichen Welt, den Aufenthaltsort der Erdenmenschen, besonders den schwarzen Mann.

1.6.4 Seine Rolle

Seine Rolle ist für die Menschheit symbolisch und erzieherisch! In dieser Offenbarung stellt Eden den Garten oder das Land in allen Teilen der Schöpfung Gottes dar.

Und diese in der Bibel gegebene Offenbarung ist nicht nur für einige, namentlich die religiösen Leute, die Exegeten vorbehalten; sondern für die ganze Menschheit!

1.7   Die Ursprünge Afrikas: der Kontinent

1.7.1   Seinen Ursprung

Die irdischen Ursprünge, also hier die irdische Form betreffend, haben mit der Entstehung der Erde und indirekt mit dem Garten Eden in diesen biblischen Ausdrucken zu tun:

"Gott sprach: Es werde Licht, und da war Licht!"

Aber das Licht hier ist nicht das Licht eines Sterns, sondern das Urlicht, das Gott ist! Und Gott ist das Wort! Das Wort ist Leben!

Am Anfang war das Wort! Und das Wort war bei Gott! Und Gott war das Wort!

Und der Geist Gottes bewegte sich über das Wasser.

Und der Geist Gottes, das Wort, der Heilige Geist hatte seine ursprünglichen göttlichen und geistigen Samen in den höchsten Höhen gesät, darunter das Paradies bis so weit in der Welt der Stofflichkeit, namentlich das Weltenall, wie manche Wissenschaftler es mit den grobstofflichen Samen gut beobachten können.

In der Schöpfung ist alles Bewegung. Die Bewegung, die nach den Gesetzen durch den Druck des Lichtes ganz hervorgerufen wird, erzeugt Wärme und läßt sich Formen darin zusammenfügen.

Und nach dem Druck des Lichts hat Afrika im Laufe der Zeit die Form genommen, die wir heute kennen!

1.7.2 Seine Geologie oder seine Entstehung

So wie die vier Rassen, namentlich die Rasse des schwarzen Mannes, aus einer einzigen Primatenrasse stammen, kommen die vier Kontinente, darunter auch Afrika, aus einem Boden oder einem Superkontinenten Boden.

Insgesamt ist die Geschichte der Erde in vier Zeitabschnitte unterteilt, genannt eons:

Der Hadean begann vor 4,567 Milliarden Jahren, als die Erde mit den anderen Planeten aus einem Sonnennebel, einer Masse von Staub und Gas in Form einer Scheibe gebildet wurde, die von der Sonne in Formation abgelöst wurde. Es war zu Beginn dieses Eons, daß die Erdkruste, die Ozeane, die Atmosphäre und der Mond gebildet wurden.

Das Archean ist das eon, das das Aussehen des Lebens markiert. Es wird geschätzt, daß es vor 3,8 Milliarden Jahren begann.

Das Proterozoikum ist das Eon, das mit dem Aussehen der ersten Pflanzen zur Photosynthese verbunden ist. Der Anfang stammt aus 2,5 Milliarden Jahren. Die Photosynthese hatte einen beträchtlichen Einfluß auf die Geologie, weil sie eine Krise hervorrief, die große Oxidation genannt wurde, während der die Ozeane nach dem Entleeren ihres Eisens mit Sauerstoff beladen wurden und bevor der Sauerstoff auch in großen Mengen in der Luft emittiert wurde.

Der Phanerozoikum ist durch das Erscheinen der ersten Tiere mit Muscheln und allgemeiner durch den Beginn des Tierreiches gekennzeichnet. Es begann vor etwa 542 Millionen Jahren und erstreckt sich bis heute.

Daher konnten wir bestätigen, daß die Bibel die geistige Erschaffung von allem in der geistigen Welt oder im Paradies bezieht. Und nicht die Erschaffung und Entwickelung unseres irdischen Universums!

Diese Beobachtungen der Wissenschaft können in keiner Weise von den Exegeten der Bibel oder von den Gläubigen beiseitegeschoben werden.

1.7.3 Seine Geschichte oder der Moment seines Zusammenfügens

Die gegenwärtige Forschung, verstandesmäßige und empfindsame Forschung einiger Forscher zeigt, daß die wahrscheinlichste Hypothese eine rasche Bildung der kontinentalen Kruste ist, gefolgt von kleinen Variationen der globalen Oberfläche der Kontinente. Auf einer Zeitskala von mehreren hundert Millionen Jahren bilden sich Kontinente oder Superkontinente und teilen sich dann. So, vor etwa siebenhundertfünfzig Millionen Jahren, begann der älteste bekannte Superkontinent Rodinia zu zerfallen. Die Kontinente, zwischen denen sie sich später unterteilt hatte, um Pannotien zu bilden, vor 650-540 Millionen Jahren und schließlich Pangaea, zu Perm, die vor 180 Millionen Jahren zersplitterten.

1.7.4 Seine Geographie oder die Lage seines Zusammenfügens

Im Gegensatz zum Ort der Existenz von Eden ist der Ort des afrikanischen Kontinents in einer Religion mit Längen- und Breitengraden gut definiert.

Von seinem nördlichen Ende bei Ras ben Sakka (37 ° 21 'N) in Tunesien bis zu seinem südlichen Ende bei Cap des Aiguilles (34 ° 51'15 "S) in Südafrika erstreckt sich der Kontinent über etwa 8 000 km. Von Kap Verde (17 ° 33'22 "W) im äußersten Westen bis Ras Hafun (51 ° 27'52" O) in Somalia im äußersten Osten erstreckt es sich über 7.400 km.

Also hier auf der Erde die Welt der dichten Materie mit mehr oder weniger genauen Maßen. Wie wir feststellen können, ist der Ort sehr real, weil er geografisch gelegen ist.

Daraus können wir schließen, dass alle Menschen auf der Erde, Rot-, Gelb-, Weiß- und Schwarztöne, aus demselben Boden stammen, dem Land Afrika!

1.7.5 seine Rolle

Angesichts all dessen konnten wir mit der Überzeugung sagen, daß die Erde, die Eden aller irdischen Lebewesen, auf der Erde erschaffen und entwickelt wurde. Der irdische Körper des europäischen Kontinents auf der Erde hat sich aus dem Körper des Superkontinents zu seinem physischen Körper entwickelt.

So können wir auch sagen, daß Europa die Wohnstätte des weißen Mannes ist, einbegriffen Flora, Fauna und Klima.

So dient Afrika als Wohnraum für Lebewesen! Aber das hört doch nicht darauf.

Afrika ist ein Kontinent, der indirekt von Gott geschaffen und aus einem stofflichen Samen stammt, es brauchte die Entwickelung, um ein bewohnbarer Garten für Lebewesen zu werden.

Auf der anderen Seite ist Eden kein Garten für sich. Wir könnten einfach sagen, daß Eden das geistige Vorbild des irdischen afrikanischen, amerikanischen, asiatischen und europäischen Gartens ist.

KAPITEL II

AFRIKA IN DEM WELTALL

2.1 Das Weltall: Raum und Zeit
2.2 Die Welt der Grobstofflichkeit in Verbindung mit dem schwarzen Mann
      1. Die Welt der feinen Grobstofflichkeit
      2. Der Welt der mittleren Grobstofflichkeit
      3. Die Welt der groben Grobstofflichkeit
2.3 Was ist Afrika?
2.4 Afrika und seine Rolle in der Schöpfung
2.5 Afrika und seine irdische Gestalt
2.6 Afrika und sein irdischer Körper
2.7 Afrika und seine Seele
2.8 Afrika und sein Geist

2.1 Das Weltenall

Jesus, das Licht, der Allwissende hatte das Kommen von Imanuel, dem Licht, dem Allwissenden im Evangelium nach Johannes prophezeit.

Und mit dem Kommen von Abd-ru-shin hat die Prophezeiung von Jesus dank der Gralsbotschaft sich bewahrheitet!

Der Allwissende schrieb in seiner Gralsbotschaft, das Wort Gottvaters: «Die Welt ist nicht unendlich.»

Aber weder Wissenschaftler noch religiöse Männer, geschweige denn philosophische Männer, haben dies in Betracht gezogen.

Im Gegenteil, nach dem Einfluß des Verstandes, der zum Werkzeug des Dunkels wurde, zogen sie weiter und weiter weg von dem Licht der Wahrheit, namentlich der Gralsbotschaft; außerdem, wie das Weltall, welches mehr und mehr vom ursprünglichen Licht abweicht.

Infolgedessen wurde das Universum zu einem philosophischen, kosmologischen, religiösen Problem...

Der Mensch definiert das Universum als das Ganze von allem, was besteht, geregelt durch eine bestimmte Anzahl von Gesetzen.

Die Kosmologie versucht, das Universum aus wissenschaftlicher Sicht zu erfassen, da die ganze Materie in der Raum-Zeit verteilt ist. Auf der anderen Seite zielt die Kosmogonie darauf ab, eine Theorie der Schaffung des Universums auf philosophischen oder religiösen Grundlagen zu schaffen. Der Unterschied zwischen diesen beiden Definitionen hindert viele Physiker nicht daran, eine Finalistenkonzeption des Universums zu haben.

Wenn man die Bewegung der Galaxien den physikalischen Gesetzen entsprechen will, wie sie gegenwärtig konzipiert sind, so kann man bedenken, daß man nur einem kleinen Teil der Angelegenheit des

Universums durch Erfahrung, dem Rest der dunklen Materie, beitreten kann. Um die Beschleunigung des Ausbaus des Universums zu erklären, müssen wir auch das Konzept der dunklen Energie einführen. Es wurden mehrere alternative Modelle vorgeschlagen, um die Gleichungen und die Beobachtungen mit anderen Ansätzen anzupassen. Aber das alles sind Theorien.

Und die ganze Zeit fühlte sich der Mensch von seiner Umgebung angezogen, einschließlich des Universums!

Die Geschichte zeigt, daß die griechischen Wissenschaften versucht haben, das Weltall zu verstehen und es von seinen Philosophen zu erklären.

Diese Erkenntnis der griechischen Welt beharrte und beeinflusste die arabischen Wissenschaften nach dem Zusammenbruch des Römischen Reiches des Westens. Sie blieben für eine Weile im Osten.

Die Renaissance bringt diese Vorstellung der Welt dank der Erkundungen und Entdeckungen, die vom dreizehnten bis zum sechzehnten Jahrhundert stattfanden, von hoch aufwendigen geographischen und kosmologischen Systemen.

Die Revolution dieser gewissen Lichtberufenen, besonders Kopernikus, Galilei und die anderen, verändert diese Kosmologie tief greifend.

Aber mit der persönlichen Ankunft des Lichts, in Person von Abd-ru-shin, war es nicht mehr eine Revolution über Wissen oder Wissenschaft, vor allem Kosmologie, sondern eine Weltenwende, also mehr als eine Revolution!

Auf allen Ebenen, sowohl wissenschaftliche als auch religiöse! Sowohl weltlich als auch geistig!

Dank dieses Kommens ist die Gralsbotschaft, das Wort, die Grundlage des alles im gegenwärtigen Gericht und im tausendjährigen Reich für alle, namentlich die Forscher!

Statt des Verstandes werden wissenschaftliche und philosophische Forscher im Lichte der Wahrheit durch Gralsschulen auf Erden in reicher Fülle empfangen!

2.2 Ebenen von Grobstofflichkeit im Zusammenhang mit schwarzen Mann

In seiner Gralsbotschaft gab Abd-ru-shin einen Vortrag über das Weltall und gab neue Bilder des Universums, die Bilder, die Jesus der Menschheit zu seiner Lebenszeit geben wollte.

Was das Thema Afrikas im Universum anbetrifft, so müssen wir zuerst wissen, wie das von Gott geschaffene Universum konstituiert ist.

Hunderte von Jahren haben Hunderte von Millionen Gläubigen, darunter auch Christen und sogar Atheisten, darunter auch Wissenschaftler, Historiker, diesen Satz in der Urgeschichte über die Schöpfung gelesen:

"Am Anfang schuf Gott Himmel und Erde" 1.Mose (1: 1)

In letzter Zeit wurde, wie ich bereits erwähnt habe, dieser Satz einseitig von Menschen ausgelegt worden. Sie wollen unter dem Begriff "Himmel" verstehen, unseren Himmel von unten mit seinen Galaxien, die sich aus Tausenden von Sternen, darunter unser Sonnensystem mit Planeten Erde zusammengesetzt sind. Und natürlich, unter dem Begriff "Erde", verstehen sie unseren Planeten Erde.

Aber das ist nicht der Fall! Unter dem Begriff "Himmel" müssen wir die Welten des Jenseits verstehen, vor allem die urgeistige Welt, die geistige Welt und die feine materielle Welt, und mit dem Begriff "Erde" verstehen wir die dichte materielle Welt.

Nach seinen Gesetzen, die in der Schöpfung unveränderlich sind, kann Gott unser kleines Weltenall nicht ohne Übergang erschaffen. In Anbetracht seiner Macht und Vollkommenheit schuf Gott diese Welt der Materie, die so unvollkommen und vergänglich ist nur durch die anderen geistigen Welten, vor allem die Gärten von Eden, die ihm nahe sind in Vollkommenheit.

In seiner Gralsbotschaft gab Abd-ru-shin einen Vortrag über die Welt und gab neue Bilder des Universums, die Bilder, die Jesus der Menschheit zu Lebzeiten geben wollte.

Was die in der Bibel beschriebene Schöpfungsgeschichte betrifft, so werde ich eines Tages die in den Einzelheiten offenbarten Schöpfungsprozesse schrittweise erklären, damit die ernsthaften Suchende die Weisheit Gottes erkennen können, die durch die Naturgesetze zutage tritt.

Wir wissen jetzt, daß das Weltall indirekt von Gott, dem Heiligen Geist, erschaffen wurde.

So besteht das Weltall aus drei Teilen:

1. die grobe grobstoffliche Schöpfung. Dieser Teil der Schöpfung hat mit der Welt der verstorbenen Menschenseelen zu tun, namentlich der schwarze Mann.

Aber auch die Welt der Samen der Menschengedanken, die aus vier Ecken der Welt kommen.

2. die mittlere grobstoffliche Schöpfung. Dieser Teil der Schöpfung hat mit der Welt der Wesenhaften zu tun. Häufig als Genies der Natur bekannt. Oder Geister der Natur.

Aber auch die Welt der Samen von Menschenworte.

3. die grobe grobstoffliche Schöpfung. Dieser Teil der Schöpfung hat mit unserem sichtbaren Universum, unseren Galaxienhaufen, unserer Galaxie, unseren engen Sternen, unserem Sonnensystem und mit unserem Planeten Erde mit seinem Satelliten, namentlich unserem Mond, zu tun.

Aber auch die Welt unserer physischen Taten! .

2.2.1 Die feine Grobstofflichkeit

Dies ist die erste geistige Schöpfung ausgegangene unmittelbar aus der Hand des Heiligen Geistes. Diese Schöpfung ist vollkommen und wird ewig bestehen; denn das Licht und der Heilige Gral dort vorhanden sind. Dies ist auch der Aufenthaltsort von den Gralsköniginnen und den Gralsrittern und auch den anderen weiblichen und männlichen Wesen.

Dies ist die erste grobstoffliche Schöpfung, die direkt aus der feinstofflichen Schöpfung hervorgegangen ist. Die Stofflichkeit wird indirekt durch die Hand des Heiligen Geistes geschaffen. Diese Stofflichkeit, die aus zwei Teilen besteht, namentlich die Feinstofflichkeit und die Grobstofflichkeit, ist nicht perfekt und wird nicht ewig bestehen, wie die Wissenschaft hat es gut beobachtet.

Nach dem Sturz der Erbsünde wurde es zum Wohnungsort der Menschenseelen, die hinübergingen, wie oben erwähnt.

Normalerweise, wenn der Mensch der Versuchung nicht erlegen wäre, könnte dieser Teil der Stofflichkeit in keiner Weise für die Dauer der Aufenthaltsort der Menschenseelen sein. Für diese Seelen, darüber hinaus, einige reife Menschenseelen, um in der Welt der Feinstofflichkeit geboren werden!

Die Letztere hat nichts mehr mit dem Verstand zu tun, der nur das Produkt des verkrüppelten Gehirns des Menschenkörpers ist.

2.2.2 Die mittlere Grobstofflichkeit

Es ist die zweite grobstoffliche Schöpfung. Dies ist die Folge der ersten grobstofflichen Schöpfung. Es ist so kurzlebig wie das erste. Es ist der Wohnungsort der Diener Gottes, namentlich die Genies der Natur.

Sagen wir nur, daß dies der Ort ihrer Tätigkeiten ist, um alles Form zu geben, was wir in der Natur auf der Erde sehen. Also ist alles natürlich! Oder einfach bezieht es sich auf die Natur!

Nennen wir einfach die Vulkane, die Berge, die Hochebenen, die Ebenen, die Wüsten, die kleinen Flüsse, die Flüsse, die Meere, die Ozeane... usw.

Ihre Tätigkeiten bestehen darin, die Stofflichkeit zu bilden und zu beleben, namentlich, was wir Natur nennen.

Es ist wohlbekannt, daß die Natur setzt sich aus vier Elementen zusammen. Die vier Elemente sind Luft, Feuer, Erde und Wasser.

Jedes dieser vier Elemente wird vertretet oder besser ausgedrückt verkörpert von diesen Wesen der Natur. Sie sind auch unter dem Begriff "Geister der Natur" genannt. Und mit Recht! Der Volksmund hat es recht getroffen wie gewöhnlich.

Sie sind die Wesenhaften genannt, weil sie die Elemente der Natur sind!

Sie sind diejenigen, die die Natur instand zu halten. Sie bereiten vor und führen die Katastrophen wie dem Sturz von einem Baum, einem Berg Zusammenbruch, Erdrutsche, Muren Bruch einer Staumauer, Hochwasser, Vulkanausbruch, Sturmfluten, ein Erdbeben... herbei.

Das Element "Wasser" wird beibehalten und von den Wesenhaften wie Nixen ... vertreten!

Das Element "Luft" wird beibehalten und von den Wesenhaften wie Sylphen ...vertreten!

Das Element "Feuer" wird beibehalten und von den Wesenhaften wie Salamander ...vertreten!

Das Element "Erde" wird beibehalten und von den Wesenhaften wie Zwerge, ... vertreten!

Es gibt andere Wesen, die zarter sind wie Elfen der Blumen ...

So sind sie unzählbar. Alle sind sie die wahren Diener Gottes.

2.2.3 Die grobe Grobstofflichkeit

Es ist die dritte grobstoffliche Schöpfung. Dies ist eine Folge der zweiten Schöpfung. Aus diesem Grund ist sie noch weiter entfernt von Gott als die feinstoffliche Schöpfung.

Trotz seiner Entfernung von Gott ist es die einzige Ebene aller Stofflichkeit, fein und grob, in unserem kosmischen Teil, der den "Gral" schützt oder empfängt!

Aus diesem Grund ist die Erde eine Schule für alle!

Da es Schule gibt, muß es auch ein Lehrer und Schüler geben!

Und dieser Lehrer ist der Weltenlehrer! Er ist Lehrer der Lehrer! Er belehrt Lehrer, die wiederum andere belehren, namentlich die Schüler.

Denn es gibt viele Klassen, namentlich Welten in der Wohnung Gottes, die die Schöpfung ist!

Jetzt der Weltenlehrer, der Lehrer der Lehrer kann nur ein Gesandter Gottvaters sein! Entweder der Menschensohn Imanuel-Parzival oder der Sohn Gottes, Jesus!

Und alle anderen Lehrer, namentlich die anderen Boten Gottes, besonders die Propheten, müssen von dem Sohn Gottes, Jesus oder Imanuel lernen, bevor sie ihrerseits andere belehren können!

Deshalb sind Jesus und Imanuel, die von Prophezeiungen in verschiedenen Teilen der Welt vorhergesagt wurden, bereits auf Erden verkörpert worden. Auf Befehl Gottvaters!

Und auf Befehl Gottsohnes Jesus und Gottheiligegeistes Imanuel, viele Berufene, namentlich Gralsköniginnen, Gralsritter und Propheten wurden gesandt, um die Menschheit zu belehren, einschließlich die Erdenmenschengeister im Laufe der Jahrhunderte ...

So ist die Erde der Aufenthaltsort von allen, einschließlich der Pflanzenart, der Tierart und der Menschenart...

2.3   Was ist Afrika?

Es lohnt sich diese Frage zu stellen, weil:

1. Wir befinden uns in der Zeit, in der das Licht, insbesondere Jesus und Abd-ru-shin, in ihren Botschaften der Liebe und Gerechtigkeit vom Chaos jetzigere Verwirrung sprachen, vom Kampf zwischen Menschen, die sich als Kreationisten definieren und diejenigen, die sich

als Evolutionisten definiert; und zwischen Verstandesmenschen und denen, die ernsthaft nach der Wahrheit suchen ...

Für einige, besonders Kreationisten, Himmel und Erde sind von Gott in diesen biblischen Worten geschaffen:

"Am Anfang schuf Gott Himmel und Erde" (1. Mose 1: 1)

Für einige Kreationisten kann es nur um eine göttliche und wunderbare Schöpfung gehen. Daher unzugänglich für das menschliche Verständnis! Und dies geschah außerhalb des Rahmens der Naturgesetze.

Für andere, einschließlich Wissenschaftler und Evolutionisten, ist Afrika in dieser Regel allgemein definiert:

„Ist ein Kontinent oder ein Teil der Superkontinente der südlichen Hemisphäre der Erde.“

Auch der Boden der schwarzen Menschen!

Zweitens, auf der Erde nennen sich viele Menschen Gläubige oder Atheisten. Einige sind stolz darauf. Auf der anderen Seite ist es ein Weg, die Wahrheit für andere zu suchen. Bis heute hat die Erde niemals so viele Theorien kennengelernt, sowohl religiös als auch wissenschaftlich, das heißt auf der Grundlage des Verstandeswissens.

Ist es gut, Gläubige einerseits und Atheisten auf der anderen zu haben?

Wir könnten diese Frage auch nicht durch ja oder nein beantworten.

Als Teil des gegenwärtigen Gerichts muß jeder seine eigene Erfahrung machen, um zu wissen, was gut oder schlecht für ihn ist.

Er muß die Religionslehre und die Theorien der Wissenschaft konvergieren!

Aber wie man die beiden, vor allem Doktrinen und Theorien konvergiert. Was sind die Werkzeuge, die den Menschen zur Verfügung dafür stellen?

Dafür hat der Mensch in ihm die Empfindung, die aus dem Erlebnis kommt und der Intelligenz, die aus der Beobachtung als Geschenk von Gott kommt. Zusätzlich zu dieser Gabe gibt Gott ihm ein Geschenk, welches Sein Wort ist, die Gralsbotschaft.

Um zu wissen, was wahr oder falsch in seinem Leben ist, muß der Mensch die lebendigen und persönlichen Erfahrungen der Dinge machen, zu denen er konfrontiert wird.

Und Abd-ru-shin hat dieses Problem mit viel Genauigkeit nach den Gesetzen Gottes behandelt, die in Seiner Schöpfung vom Anfang der Welten verankert sind. Und die Gesetze Gottes in der Schöpfung sind sein heiliger Wille, der von aller Ewigkeit vollkommen ist.

Zum Beispiel für einen Gläubigen oder einen Atheisten, wenn er seine Wahrheit in Theorie oder Lehre findet und nicht eine Person stört ... es ist klüger, ihn sein Pfad folgen zu lassen ... und ihn mit Sorge zu begleiten. Dies ist der beste Weg, um den Nächsten zu lieben. Es ist nicht durch den Versuch zu beurteilen, um jeden Preis, daß es Ihnen etwas am Ende gelungen wird. Aber durch die Klärung der Situation mit einem tiefen, ernsten und offenen Dialog auf jeder Seite!

Aber helft besonders anderen, die demütig nach der Wahrheit Gottes, dem Licht Gottes suchen... und erklärt ihnen in diesem Bereich den Willen Gottes, der die Gesetze der Natur ist...

In Wirklichkeit gibt es grundsätzlich keine Unterschiede zwischen den beiden Definitionen Afrikas, die von der religiösen Welt, durch heilige Schriften und der wissenschaftlichen Welt, durch Beobachtung gegeben wurden. Der Unterschied besteht nur in Formen.

Ich erkläre es!

In der Tat hat die Wissenschaft beobachtet, daß Afrika sich von anderen Kontinenten durch seine physische Form unterscheidet, zum Beispiel können wir natürlich den Begriff "Boden" nennen.

Aber der Begriff "Boden" bedeutet im geistigen Sinn geistig, sowohl seelisch als auch und physische „Tätigkeit". Deshalb ist Afrika anders als andere Kontinente durch die Manifestation seiner Tätigkeit oder ihrer Strahlung, nicht nur durch ihre physische Form.

Und mit einfachen Worten trennt die geistige, seelische und metaphysische Tätigkeit Afrikas von anderen Kontinenten, wie ich bereits erwähnt habe. Und durch ihre Entstehung auf der Erde wird Afrika ein Kontinent von "schwarzer" Farbe mit einzigartigen geistigen Aktivitäten sein, die ihm eigenartig sind, und die Kontinente anderer Farben werden Kontinente mit geistigen Aktivitäten sein, die ihnen eigenartig sind.

Wie üblich ist die Schlussfolgerung, daß sowohl biblische als auch wissenschaftliche Definitionen grundsätzlich gleich sind.

2.4 Afrika: seine Rolle in der Schöpfung

Die Begriffe wie Boden der Farbe, Afrika, Territorium usw. reichen nicht aus, um die von uns geplanten und von dem Heiligen Willen Gottes vorgesehenen Tätigkeiten Afrikas zu beschreiben.

Wenn ich also nach dem Ursprung Afrikas gesprochen habe, möchte ich kurz über die Tätigkeiten Afrikas in der Schöpfung und später von seinen Qualitäten sprechen.

2.4.1 Geist von Afrika

Es ist allgemein bekannt, daß der Geist, der Heilige Geist, der Lehrer der Lehrer in seiner Gralsbotschaft auf Feinstofflichkeit, Grobstofflichkeit, Strahlung, Raum und Zeit geschrieben hat.

Aber leider viele Lehrer und Schüler werden durch die von der Wahrheit ausgestrahlte Licht geblendet, die darin ist, derart, daß sie für alles dessen, was geistig ist, blind geworden sind!

Selbstverständlich sehen sie keine Verbindung zwischen dem Geist und Afrika!

Jetzt ist es kindisch für jedermann mit einem gewissen Sinn für Logik, daß der Geist der Schöpfer aller Dinge ist, hier ist Afrika eingeschlossen.

Und darüber hinaus ist dieser Geist, der Geist der Wahrheit, der von Jesus angekündigt wird, das Gesetz! Dieses Gesetz ist überall in allem, einschließlich hier das Atom oder andere physische Teilchen... was geschaffen wird.

Damit wir überzeugt werden können, nehmen wir die berühmte Formel von Einstein, ein Lichtsucher, der ein Berufener des Lichts in seinem Bereich sein sollte ... zur Lebenszeit von Abd-ru-shin auf der Erde!

$E = mc2$

E bedeutet hier Energie, m ist Masse und c ist Geschwindigkeit, die Lichtgeschwindigkeit, die eine Konstante ist.

Wie jede Geschwindigkeit wird c in Meter (Raum) pro Sekunde (Zeit) ausgedrückt.

Seit dem Beginn der Zeit, im Morgengrauen seiner Entwickelung, vor allem materielle Evolution, hat der Mensch immer die Dualität von Raum und Zeit bekannt. Im Laufe seiner materiellen Evolution, die der seelischen Entwickelung Platz machte, so weit wie seine Seele betroffen ist, hat der Mensch ein drittes Element hinzugefügt, insbesondere die Strahlung!

Aber leider gab es einen Fall in der Sünde mit der einseitigen Entwicklung seines Gehirns, vor allem der Verstand!

Zum Glück für ihn, nach dem Gebet der Fürbitte des Sohnes Gottes, kam Abd-ru-shin, der Menschensohn und fügte ein viertes Element zu den ersten drei, namentlich Materie, so daß seine seelische Entwickelung fortsetzen und sein Status ändern konnte, vor allem eine geistige Entwicklung und schreitet nach dem Plan Gottvaters, bis zur geistigen Reife seines Geistes voran!

Infolgedessen hat das Licht in seiner Gralsbotschaft geschrieben, das Wort, der oben erwähnte Vortrag: Grobstofflichkeit, Feinstofflichkeit, Strahlung, Raum und Zeit (Vortrag 53, Band 2 Botschaft des Grals von Abd-ru-shin)

Aus der Dreiheit gehen wir durch die geistige Entwickelung zur Quadratur! Die Quadratur des Kreises! Die vier wissenden Tiere! Die vier Ritter der Apokalypse! Oder die vier Tierritter!

Die vier Ritter tragen die Segnungen Gottes für das Weltall!

Diese Segnungen sind wahrhaft Segen für die verschiedenen Teile der Schöpfung Gottes und Flüche für die dunklen Sphären, die durch den freien Willen der Menschen geschaffen wurden!

In Summe nur eine Quelle, aber die Wirkungen, die in den verschiedenen Gärten der Schöpfung hervorgebracht werden, sind nach ihren seelischen Zuständen nach ihren geistigen Entwicklungen verschieden!

Von der Eröffnung der ersten Siegel wollte Gott den verschiedenen Gärten von Eden helfen, die Böden im Prozess der Entwickelung, indem sie ihnen die vier Ritter schicken!

Denn diese Ritter sind geistig und sie sind eng mit dem Boden in der Schöpfung verbunden! So ist dies ein Zeichen der Liebe Gottvaters!

Diese Ritter sind Säulen der Schöpfung, wie Abd-ru-shin in seiner Gralsbotschaft erklärt, das Wort Gottvaters im Hinblick auf das Gericht!

Diese Ritter sind die Verkörperung der göttlichen Wesen, besonders die geflügelten Tiere, die im Thron Gottes sind, und sie sind sogar die Throne Gottes in der Gralsburg, also in der Schöpfung!

Diese Tiere sind unentbehrlich in den Aktivitäten Gottes in der göttlichen Welt und in der geistigen Welt! Aber in der geistigen Welt werden ihre Tätigkeiten bei, durch und in diesen Rittern verkörpert, denn sind diese Ritter der Löwe mit sechs Flügeln, der Adler mit sechs Flügeln, der Stier mit sechs Flügeln und die Widder mit sechs Flügeln! Aber der Widder ist eine menschliche Art; darum trägt er ein menschliches Gesicht!

So tragen diese Ritter göttliche Liebe und die Strahlen dieser Tiere in ihnen!

Die Taube Gottes, also die sichtbare Form des Heiligen Geistes, ist der Ausgangspunkt der ersten Schöpfung oder der geistigen Schöpfung. So ist es das Zentrum von allem!

Wie jeder bemerken kann, haben wir der Dreiheit ein viertes Element hinzugefügt, vor allem die Stofflichkeit. All dies wird zur Quadratur!

Nachdem wir einige Wissenschaftler und Atheisten überzeugt haben, können wir dies tun, indem wir das Bild des Gartens von Eden mit dem Begriff der Quadratur wiedergeben:

"Und Jehova Gott pflanzte einen Garten nach Osten, in Eden; Und da setzte er den Mann, den er gebildet hatte. Und aus dem Boden machte Jehova Gott, um jeden Baum zu wachsen, der dem Anblick angenehm ist und gut für das Essen ist; Der Baum des Lebens auch in der Mitte des Gartens, und der Baum der Erkenntnis von Gut und Böse.

Und ein Fluß ging aus Eden, um den Garten zu wässern; Und von dort wurde es getrennt und wurde vier Köpfe.

Der Name des ersten ist Pischon: das ist es, was das ganze Land von Havilah, wo es Gold gibt, umgibt; Und das Gold von diesem Land ist gut: Es gibt bdellium und der Onyx Stein.

Und der Name des zweiten Flusses ist Gihon: das ist es, der das ganze Land von Cush kompassiert.

Und der Name des dritten Flusses ist Hiddekel: das ist es, was vor Assyrien geht.

Und der vierte Fluss ist der Euphrat. » 1.Mose (2, 8-14)

In diesem geistigen Bild, das von den Lichtberufenen gegeben wird, versteht es sich von selbst, daß der Begriff des Flusses mit dem Begriff der Zahl vier zu tun hat, besonders die vier wissenden Tiere, namentlich Widder, Stier, Löwe und Adler und die vier Kontinente , einschließlich Asien, Afrika, Amerika und Europa ...

Es ist in dieser Schwingung, die die geistige Rolle Afrikas ist!

Wasser oder den Fluß oder die Strahlen aus dem Licht, Gott kommend zu empfangen, durch und von eines der wissenden Tiere ... Und all dies ist in Bewegung, da der Erdenmensch von heute nur mit festen Bildern begreift ... nach der Erbsünde.

So dient Afrika oder der afrikanische Boden Gott, indem er eine Art eigenartige geistige Strahlung empfängt, je nach seinem Boden, seiner Stelle...

Jetzt erinnert uns das Wort Strahlung an das Wort "Stern"! Und in der gleichen Reihenfolge der Ideen erinnern die Sterne an "Astrologie".

Die Welt der Astrologie gibt uns die zwölf Zeichen des Tierkreises mit den vier Tieren.

Ich sagte vier. Obwohl in der heutigen Astrologie sind sie nur drei, also ohne den Adler weil diese durch das Zeichen des Skorpions ersetzt wurde.

Aber es ist die Schuld der Menschen, weil die Erde sich mehr und mehr von dem ursprünglichen Licht entfernt hat, also bewegt sie sich weit weg von ihrer ursprünglichen Umlaufbahn infolge des Dunkels, das von den Menschen gebildet wurde...

Nun in dieser Angelegenheit kann der Adler-Merkur keine halbe Sache unterstützen ... wie das Licht!

Merkur ist einer der vier Tierritter der Apokalypse, der geistige Teil des Adlers, im Urgeistigen und der Ur-Führer der unermesslichen Macht aller Elemente, die in ihm verankert sind!

2.4.2 Seele von Afrika

Der Begriff der Menschenseele blieb lange nicht mehr so ein Rätsel; denn der Wille Gottes wurde durch die Gralsbotschaft von Abd-ru-shin offenbart.

Der schwarze Mann muß seinerseits den Boden in ihm vorbereiten, um die Gebote Gottes und die geistigen Botschaften zu empfangen, indem er seinem inneren Herzen zuhört und die Vor- und Nachteile abwägt, um die Ereignisse und die verschiedenen Schriften besser zu verstehen.

Aber die heutigen Religionen haben die Seele nicht nach dem Willen Gottes erkannt; und was der Geist anbetrifft, lasst uns nicht einmal darüber reden! Und sie genießen einen gewissen Stolz in der Sache und verunglimpfen die Existenz dieser großen Diener Gottes, besonders der Götter der Antike!

Der Beweis dafür ist, daß die Männer der Kirchen so weit gegangen sind, daß sie alle ihre Tätigkeiten als Fabeln, Legenden... bezeichneten.

Es ist überraschend, wenn wir über Götter sprechen, was zuerst in den Köpfen der Menschen kommt, ist der Begriff der Legenden.

Auch für Gläubige, die die Bibel in den Händen haben. Schulen und Wissenschaft haben sie so gelehrt. Denn sie denken, das sind die Vorstellungen von Menschen der Antike, die solche Mythen erschufen haben.

Ist es eine Legende, Mythos, wenn wir das Wort "Götter" in der Bibel lesen?

Die Passage des Alten Testaments ist zu diesem Thema ganz klar:

"Aber Gott weiß, daß du an dem Tage, wo du isst, dann deine Augen geöffnet werden werdet, und du sollst Götter sein und Gutes und Böses erkennen"

In dieser Passage sehen wir, daß es einen deutlichen Unterschied zwischen den Worten "Gott" und "Götter" im Plural gibt.

Im Neuen Testament lesen wir: "Jesus antwortete ihnen, ist es nicht in deinem Gesetz geschrieben, ich sagte, ihr seid Götter?" Johannes (10, 34).

Die Götter sind Geschöpfe und Diener Gottes, der Allmächtige!

Die Götter der Antike sind in der Ebene von Wesenhaft geschaffen, als Abd-ru-shin uns in seiner Gralsbotschaft gelehrt hat.

Das Reich des Wesenhaften liegt knapp unter dem Paradies. Dies ist die Region zwischen der geistigen Welt und der feinstofflichen Welt.

Da die Urgeschaffenen haben ein Wohnsitz, den Gral genannt, die Götter haben ihre Wohnstätte, eine Wohnung, die auch "Walhalla" oder "Olympus" genannt wird. Nach dem jeweiligen Volk der Antike. Diese Leute waren die Griechen, Römer, Deutsche, Skandinavier...

Der mächtigste unter den Göttern heißt Jupiter für die Römer, Wotan für die Germanen,... usw.

Es gibt auch Göttinnen. Zum Beispiel Venus, Hera, Ceres. Göttinnen verkörpern diese Tugenden oder weibliche Qualitäten wie Schönheit, Fruchtbarkeit...

Neben den Göttinnen gibt es Götter wie Merkur, Mars und Thor ... Sie verkörpern die männlichen Qualitäten wie Gerechtigkeit, die Kunst des Kampfes, die Adresse...

Sie sind Führer unzählige Wesenhaften.

Als Ritter den Garten Eden in der Geisterwelt bilden, bilden die Tätigkeiten dieser alten Götter den Garten von Eden in der wesenhaften Welt. Oder mit anderen Worten in der seelischen Welt!

Wir sehen mehr und mehr, daß alles in der Schöpfung nur eine Abfolge von Ereignissen, Formationen, Dingen ist. Mit anderen Worten, in der Mathematik, weil wir viele Figuren verwenden, gibt es entweder Addition oder Subtraktion oder Multiplikation oder Teilung nach dem heiligen Willen Gottvaters, der Imanuel in Person ist! Der Geist Gottes! Der Geist der Wahrheit, der von Jesus angekündigt wurde! Und der letztere ist die Liebe in Person!

Und die mathematischen Gesetze, die aus wissenschaftlichen Gesetzen abgeleitet sind, die wiederum aus Naturgesetzen abgeleitet sind, sind selbst aus geistigen oder göttlichen Gesetzen, also aus dem Gesetz, abgeleitet! Und das Gesetz als solches ist Gott! Das Wort !

Wie bereits zu Beginn erwähnt, hat der Geist Afrikas mit den vier göttlichen und geistigen Tieren zu tun, vor allem mit einem von ihnen und ihren Strahlungen, wird es Euch nicht schwer zu verstehen, daß die Seele von Afrika, die niedriger ist als der Geist, hat mit den alten Göttern in der Wesenhaften Welt zu tun!

Immer in der gleichen Richtung befaßt sich der Geist Afrikas mit der Sonne, den Sternen und derer Strahlungen, besonders der zodiakalischen Astrologie, in weiten Räumen und in Sonnen- oder Jahreszeit beschäftigt sich die Seele Afrikas mit den Planeten des Sonnensystems namentlich der Planetarischen Astrologie, also in einem durchschnittlichen Raum und in einer Mond- oder Monatszeit!

Und in einem Monat haben wir vier Wochen!

Und in jeder Woche gibt es eine gewisse Schwingung der Götter der Antike, hier erwähnen die alten römischen Götter! Denn die Römer in der Lebenszeit Jesu waren gesegnet, obgleich der Sohn Gottes unter dem jüdischen Volk geboren war, das Auserwählte Volk von gestern!

Laßt uns einfach den Gott von Olympus Jupiter mit dem Planeten Jupiter erwähnen; der hat mit dem Tag von Donnerstag zu tun!

Die Göttin von Olympus Venus mit dem Planeten Venus hat mit dem Tag von Freitag zu tun!

Der Gott von Olympus Mars mit dem Mars Planeten hat mit dem Tag von Dienstag zu tun!

Der Gott von Olympus Merkur mit dem Planeten Merkur hat mit dem Tag von Mittwoch zu tun!

So ist alles Bewegung in der Quadratur des Kreises!

2.4.3 Körper von Afrika

Der Körper des afrikanischen Kontinents ist dagegen nur ein Umschlag der Seele des geistigen Gartens von Eden!

Es versteht sich von selbst, daß sich dieser physische Körper oder seine physische Form dem geistigen Ur-Modell des Gartens Eden anpasst nach den Naturgesetzen, die die Sprache Gottes sind.

Wesenhaften sind Wesen, die von Gott im zweiten Teil der wesenhaften Welt geschaffen wurden, die zwischen der geistigen Welt und der Welt der Feinstofflichkeit liegt.

Im ersten Teil sind Götter oder Führer dieser Wesenhaften, die mit ihrer Burg, Olympus geschaffen sind. Sie führen ihre Tätigkeiten aus, um den Menschen in der Entwickelung zu helfen und die Welt der Feinstofflichkeit zu fördern und die Welt der Grobstofflichkeit, dessen Teil die Erde ist, indem sie die Wesenhaften leitet und schützt.

Wie die Erdenmenschengeister, die zuerst als Keime des Geistes erschaffen werden und das Paradies verlassen sollen, um in die Stofflichkeit hinabzusteigen, um selbstbewußte Menschengeister zu werden, sind die Wesenhaften berufen, die gleiche Pilgerfahrt (Wanderung) in der Stofflichkeit zu machen, weil sie wesenhafte und unbewusste Keime sind.

Ihre Tätigkeiten bestehen darin, die Materie zu formen und zu beleben, besonders was wir Natur nennen.

Es ist berüchtigt, daß die Natur aus vier Elementen besteht. Die vier Elemente sind Luft, Feuer, Erde und Wasser.

Jedes dieser vier Elemente wird durch diese Wesen der Natur dargestellt oder besser veranschaulicht. Sie werden auch mit dem

Begriff "Genies der Natur" bezeichnet. Und das zu Recht! Der Volksmund hat es wie gewöhnlich recht getroffen.

Sie heißen elementare Wesen; denn sie versammeln die Elemente der Natur!

Es sind die, die die Natur bilden. Sie bereiten und lösen Katastrophen aus wie den Fall eines Baumes, den Zusammenbruch eines Berges, Erdrutsche, Felsenfallen, Pausen eines Deiches, Flut, Vulkanausbruch, Gezeiten, ein Erdbeben...

Das Element "Wasser" wird durch die Wesenhaften wie die Nixen (Meerjungfrauen) vorgestellt...

Das Element "Luft" wird durch die Wesenhaften wie Sylphen vorgestellt...

Das Element "Feuer" wird durch Wesenhaften wie Salamander vorgestellt...

Das Element "Erde" wird durch die Wesenhaften wie Gnome vorgestellt...

Es gibt andere Wesenhaften, die zarter sind wie die Elfen der Blumen...

So sind sie unzählig. Alle von ihnen, sie sind wahre Diener Gottes.

In der astralen Ebene, die für das gemeinsame Auge der Sterblichen unsichtbar ist, weil sie leichter, feiner als die irdische Ebene sind, bereiten sie in ihren Werkstätten die irdischen Formen Afrikas nach dem Heiligen Wille ihres Herrn Gottes vor! Gottvater, Gottsohn Jesus und Gottheiligegeist, Imanuel!

Für den Geist Afrikas sind wir auf den jährlichen oder Sonnenkalender mit den vier Zeichen des Tierkreises, einer vollständigen Umdrehung der Erde um seine Sonne und dann für die Seele Afrikas, die wir mit dem Monats- oder Mondkalender mit demselben getan haben. Die vier Planeten des Tierkreises, eine vollständige Umdrehung des Satelliten-Mondes um seinen Planeten Erde und schließlich werden wir hier für den irdischen Körper Afrikas, den täglichen oder mittel-lunaren und mittel-solar Kalender mit seinen vier Phasen, einschließlich Morgen, Tag, Abend und Nacht!

Ohne sie hätte Afrika nicht seine gegenwärtige Form...

2.5 Afrika und seine irdische Form

Bis jetzt haben wir von Afrika von oben nach unten sehend gesprochen! Das heißt vom Paradies zur Erde gesehen! Es ist geistiges Wissen!

Jetzt werden wir es von der Erde bis zum Jenseits sehen!

Es versteht sich von selbst, daß dieses irdische Sehen mit dem irdischen Wissen einhergeht!

Dieses irdische Wissen wurde von einigen Lichtberufenen gebracht, besonders von Charles Darwin mit seinem Werk: "Der Ursprung der Arten"!

Ein Kontinent heißt Afrika wegen seiner Form und seiner Position auf der Erde! Infolgedessen, von seiner irdischen Form beraubt, kann Afrika seinen Segen nicht bringen, besonders das Leben!

Ich erkläre es nochmal!

Gott das Licht gibt dem afrikanischen Boden, der ein Modell im Jenseits nach seinen Gesetzen hat, einen irdischen Leib so daß es die Möglichkeit hat, das Leben hier auf der Erde zu tragen!

Aber dieser irdische Leib wurde vorbereitet durch die Diener Gottes, die Wesen der Natur oder die Wesenhaften, damit alle Arten darin bewohnen können! Und nicht Gott selbst in Person!

Ansonsten gibt es keine Evolution, und deshalb könnten wir sagen, daß alles Leben auf Erden durch die schöpferische Hand Gottes, des Heiligen Geistes, geschaffen würde!

Was ein Mann von gutem Sinn nicht zugeben konnte, ob er ein Gläubiger oder ein Atheist wäre!

Ist das Schaffen ohne Samen in der Fauna oder der Flora auf Erden möglich...? Würde Kein normaler Mensch, außer offensichtlich ein Extremist, es in irgendeiner Weise zugeben!

In der Sache, Volkbeobachtung trifft das Rechte, weil es heißt, daß die Sonne und die Erde, vor allem der Boden nur Leben geben! Aber sie schaffen kein Leben!

Wie die biblische Sprache sagt: "Der Herr Gott bildete den Mann aus dem Staub der Erde ...", ist der irdische Körper des schwarzen Mannes in Bezug auf seinen europäischen Boden ... also die Ausbreitung von Form, Körper, Rassen ... über Millionen von Jahren!

Im Zusammenhang mit den geographischen Formen Afrikas wollen wir einfach nennen:

Das Wasserelement: der Nil und der Kongo;

Das Luftelement: der Sirocco-Wind im Norden und der Harmattan-Wind in der Mitte;

Das Feuerelement: der Vulkan und der Berg Kilimandscharo, Altlas im Norden;

Das Erdelement: die Serengeti-Ebene und die Djeffara-Ebene.

Aber die Existenz kontinentaler Formen ist ein Segen des Lichts, denn jeder Kontinent bringt eine Qualität, die die Komplementarität der anderen Kontinente ist ... Wir werden später darüber reden!

Aber die kontinentalen Formen sind in keinem Falle eine Trennung als solche nach den Naturgesetzen der Schöpfung, also nach dem Willen Gottes; aber eine Art Anregung für eine sichere Reifung der

Geister auf der Erde. Aber mit dem Sündenfall, siehst du die Folgen selbst.

Dank seiner Form, die durch das Licht gegeben wird, ist Europa eine Quelle des Lebens auf Erden geworden!

Zum Beispiel, wenn der irdische Körper eines schwarzen Mannes durch das Begräbnis geerdet wird, heißt es: "Du bist Staub, du wirst den Staub zurückgeben ..."!

Daher der biblische Ausdruck des Begriffs "Staub" oder "Boden", wenn man von dem irdischen Körper von allen Dingen spricht!

Da das alles macht eins!

2.6 Afrika und sein irdischer Körper

Der Körper des afrikanischen Kontinents ist dagegen nicht mehr die geographische Form Afrikas, vor allem der Boden oder die mineralischen Arten, sondern die Pflanzenarten!

Es versteht sich von selbst, daß die Natur, besonders die Naturgesetze, die Sprache Gottes ist.

Was den Unterschied zwischen einer göttlichen Schaffung und einer Naturentwickelung macht, ist die Nähe Gottes.

Die göttliche Schaffung geschieht nach den Gesetzen der Schöpfung, die ewig, unveränderlich und allmächtig sind, weil sie der allmächtige Heilige Wille Gottvaters sind: der Heilige Geist! Diese Gesetze sind göttliche Gerechtigkeit und göttliche Liebe!

Die Naturentwickelung oder Evolution wird auch nach den Gesetzen der Schöpfung gemacht, die die Gesetze der Natur sind. Was

Menschen hier auf Erden auch wissenschaftliche Gesetze nennen! Evolution ist ein Zeichen der göttlichen Liebe Gottvaters!

Schöpfung und Entwickelung beruhen auf denselben Gesetzen Gottes!

Der Erdenkörper des afrikanischen Kontinents ist nicht mehr entwickelt oder weniger entwickelt als die Körper der anderen Kontinente der Welt.

Aus dem irdischen und körperlichen Gesichtspunkt bedeutet der Begriff "Schaffung" im Falle der göttlichen Bildung hier in grober und feiner Stofflichkeit "Evolution".

Darüber hinaus gibt uns der Alltag eine Menge Hinweise, die in diese Richtung gehen. Bis heute entdeckt der Mensch neue Stämme an verschiedenen Orten auf der Erde. Aber die Wissenschaft auch dank der Geologie, der Paläontologie und der Archäologie macht neue Entdeckungen und gibt Zeugnisse der Vergangenheit...

Dieser Sachverhalt verschlechtert die Bibel nicht. Im Gegenteil, dieser Sachverhalt bestätigt nur das in der Bibel enthaltene Wissen oder die anderen Schriften verschiedener Religionen in der Welt.

Es ist ein Zeichen der Liebe von Gott, dem Licht, um von diesen neuen Entdeckungen erkannt zu werden, damit wir seine Sprache in dieser Schöpfung kennen! All dies gibt uns Material für die Reflexion und fordert uns auf, weiterhin seinen heiligen Willen zu suchen!

Aber der Körper Afrikas lebt also hinter der Fauna oder in der Fauna sind auch die Wesenhaften, die leben und wesenhafte Seelen haben!

Für die afrikanische Flora kann diese Klassifikation in vier Kategorien eingeteilt werden: Blütenpflanzen, Samenpflanzen, Gefäßpflanzen, nicht-vaskuläre Pflanzen.

2.7 Afrika und seine Seele

Die Seele Afrikas besteht aus den Seelen der Tiere, die in Afrika geboren wurden.

Wie die Erdenmenschengeister, die zuerst als Keime des Geistes geschaffen werden und das Paradies verlassen sollen, um in die Stofflichkeit hinabzusteigen, um selbst-bewußte Menschengeister zu werden, sind tierische Seelen aufgerufen, die gleiche Wanderung in der Stofflichkeit zu machen, weil sie nur wesen- und unbewußte Keime sind.

Wie das Licht uns in seiner Gralsbotschaft gelehrt hat, kommen die Keime der Tierseelen aus einer Ebene, die niedriger ist als die Keime der Wesenhaften.

Es ist auch die Heimat aller Erdentiere. Tiere haben eine besondere Seele, die oft die Seelengruppe genannt wird.

Im Gegensatz zum Menschen, der ein Keim eines Menschengeistes ist, der aus der geistigen Ebene kommt, kommt der Keim der Wesenhaften und der Keim der Tiere aus der gleichen Ebene, vor allem das wesenhafte Reich!

Daher die Fauna in die Flora verschmilzt oder tarnt oder passt, soweit die Form, der Klang und sogar die Strahlung betroffen sind!

Ihre Aktivitäten beinhalten die Gestaltung der Natur, einschließlich der Vegetation, und halten andere Kreaturen lebendig, vor allem Menschen.

Es ist bekannt, daß die Tierart aus vier Klassen besteht. Die vier natürlichen Klassen sind Vögel in der Luft, Reptilien, soweit es das

Feuer betrifft, Erdensäugetiere, soweit es die Erde betrifft und in Wasser Fischen.

Sie brauchen auch den Boden, um Gestalt anzunehmen, um hier auf Erden bewußt zu werden. Zu Ehren Gottes, des Allmächtigen!

2.8 Afrika und seinen Geist

Der Geist Afrikas besteht einfach aus den Geistern, die in Afrika geborenen sind.

Erdenmenschen sind Entwickelungsgeister. Wie oben erwähnt, sind sie aus der geistigen Ebene geschaffen. Als sie unbewußte Geistkeime sind, sind sie in die Stofflichkeit hinabgestiegen, um sich zu entwickeln, um gereifte und vollendeten Geister zu werden.

Während seiner Reise durch die Welt der Fein- und Grobstofflichkeit kommen Menschengeister mit den Strömungen des Lichts in Berührung.

Diese Gabe spiegelt sich in einer gewissen Schwingung von der Seele, vom Geist des Menschen, der berufen ist, mit dieser Gabe des Lichtes in Verbindung zu treten!

Dies ist der Grund, warum der Mensch als menschlicher Geist alles auf seinem Boden beherrscht, insbesondere in Afrika in Bezug auf seine Handlungen, seine menschliche Form, die stehende Position und dann in Bezug auf seine Seele. zu sprechen und zu denken und schließlich in Bezug auf seinen Geist die Tatsache, die Bestrahlungen des Kosmos zu senden und zu empfangen, insbesondere mit der Empfindung!

Seine Tätigkeit besteht darin, den afrikanischen Boden zu reinigen und zu lieben, was andere Geschöpfe nicht tun können, denn diese sind keine Geister als solche.

Es ist berüchtigt, daß die Menschenrasse aus vier Rassen besteht. Die vier Rassen sind für jeden Kontinent bestimmt!

Aber seid vorsichtig, seid natürlich! Denn Ihr findet den schwarzen Mann überall auf der Erde, besonders in Asien! Noch vor den sogenannten Entdeckungen und Auswanderung!

Hier, wie überall, ist es Liebe, die den Unterschied macht und nicht die Farbe der Haut!

Seid also geistig und nicht verstandesmäßige! Denn das letztere konzentriert sich auf einen kleinen Punkt, ein kleines Detail, um zu kritisieren, anstatt alles als ein Ganzes zu sehen ... Aber auf der anderen Seite beteiligt sich der geistige Mann daran, die Worte in sich selbst und in seiner unmittelbaren Umgebung zu leben, indem er ein Helfer für alle Geschöpfe Gottes wird!

Jetzt ist es die Liebe, die Ihr in der wunderbaren Schöpfung, die der ewige Garten der freien und freudigen Kinder Gottes ist, braucht, um den von Gott geplante und gewollte wahre Gottesdienst zu wissen.

So daß der Schwarze frei und freudig auf seinem Boden ist, namentlich in Afrika, muß er Gott, der Allmächtige, der Barmherzige und der Allgegenwärtige dienen.

Gott zu dienen ist, nach seinem heiligen Wort oder seinem heiligen Willen zu leben, das nichts anderes ist als die Naturgesetze des Universums oder der Schöpfung.

Niemand muß ein Gelehrter oder ein Priester oder ein Imam oder ein Pfarrer sein...! Aber er braucht nur zu lieben! Um den Boden zu lieben, vor allem mit seiner Form, indem er sich auf die Mineralarten bezieht, dann die Flora zu lieben, indem er sich auf die Pflanzenarten bezieht und schließlich die Fauna zu lieben, indem er sich auf die Tierarten bezieht.

Wenn der schwarze Mann es tut, lebt er wirklich das erste Gebot Gottes! Und er lebt im Alltag mit seinem "Herz"!

Dieses Wort "Herz" gibt uns einen Einblick von dem "Geist"!

Der Geist tritt sich in der Schöpfung und hier auf Erden durch die Güte seines Herzens zutage! Und nicht durch Verstandeswitz, noch durch Hochschulabschlüsse, noch durch militärische Eroberungen, noch durch wissenschaftliche Entdeckungen.

Der Einfachheit halber könnten wir sagen, daß der schwarze Mann, wie jeder Erdenmensch, von geistigem Ursprung, Paradies ist. Als ein unbewusster Keim, verließ er das Paradies, durch den Namen „Vertreibung" in der Bibel bekannt, um hier auf der Erde inkarniert zu werden, um ein Kind Gottes zu werden.

Mit der Inkarnation auf der Erde, wurde er ein schwarzer Menschengeist nach dem Gesetz der Natur, einschließlich der genetischen Gesetze!

Wie wir sehen können, ist der Mensch überall in der Schöpfung. Auch in der göttlichen Welt. Und darüber werde ich eines Tages wiederkommen.

Aus diesem Grund, schwarzer Mann, sorge dafür, daß du Gott dienst, dem Licht auf Erden, damit dein Garten von Eden, besonders Afrika, den geistigen Gärten von Eden ähneln kann, die die ewigen Gärten Gottes im geistigen Paradies sind.

Abd-ru-shin in seiner Gralsbotschaft erklärt in einer ausführlichen und vorstellenden Weise den Begriff von " Gottes Dienst ".

KAPITEL III

AFRIKA IN DER WELT

3.1 Afrika und Geschichte

Afrika hat seine Reiche wie die anderen Kontinente gekannt! Abhängig von den selbsttätigen und unveränderlichen Gesetzen der Schöpfung hat das Licht erklärt, warum seine Reiche zusammenbrechen sollten!

3.1.1 Ägyptisches Reich

Die dreitausendjährige Geschichte des alten Ägypten scheint ebenso viele Geheimnisse zu verbergen wie Rätsel.

Das bemerkenswerteste Merkmal des alten Ägypten ist jedoch seine erstaunliche Kontinuität. Denn jenseits weltlicher Mutationen und geistiger Umwälzungen hat diese Zivilisation mehr als drei Jahrtausende gedauert, eine einzigartige Tatsache in der Geschichte. Von ihrer Gründung in den frühen Tagen der geschriebenen Geschichte bis zu ihrer triumphalen Verbannung aus dem Christentum wurden die großen Prinzipien der ägyptischen Kultur beibehalten und bewahrt.

An der Spitze der Hierarchie, die das Ganze führt, die Dienste koordiniert, eine einzige Autorität: Pharao. Der König bezieht seine Macht direkt von den Göttern. Er ist sowohl ihr Nachkomme als auch ihr erster Diener, daher kann es keinen Zweifel geben. Die pharaonische Institution ist vor allem das Symbol der nationalen Einheit und eine wesentliche Voraussetzung für die Stabilität des Landes (und damit für seine Ausbeutung).

Weil das Schicksal desjenigen, der das königliche Amt innehat, eng mit dem Ägyptens selbst verbunden ist. Jede Schwächung der

Zentralmacht ist möglicherweise der Träger der Krise, während jedes Mal, wenn ein starker Mann den Thron besetzt, der Frieden des Königreichs gewährleistet ist. Dies könnte die Leichtigkeit erklären, mit der die Ägypter ausländische Könige akzeptierten, vorausgesetzt, sie respektierten die Traditionen der Vorfahren.

Das intellektbasierte System hat endlich seine Grenzen und Schwächen aufgedeckt.

Es ist traditionell, dass das Ende der alten ägyptischen Geschichte je nach Spezialist unterschiedlich ist.

Für Ethnologen endete die altägyptische Geschichte mit dem Tod des letzten indigenen Pharaos, Nectanebo Second, drei Jahrhunderte vor Christus. Für die Politik endet es dann mit dem Tod des letzten autonomen Souveräns, Ptolemaios XV. Cäsarion, 30 v. Und schließlich endet es für die Welt mit der Umwandlung des letzten ägyptischen Tempels in eine koptische Kirche, den Tempel der Isis in Philae, fünf Jahrhunderte nach unserer Zeit.

3.1.2 Nubisches Reich

Nach dem ersten Katarakt weckte Nubien, das Land des Goldes, schnell die Gier der Pharaonen, die dort militärische und kommerzielle Expeditionen vervielfachten. Nachdem Ägypten unter dem Neuen Königreich erwacht war, expandierten ägyptische Truppen nach Süden. Unter der Herrschaft von Thutmosis I. wurde ganz Nordnubien annektiert. Sie wird sich an der Episode der schwarzen Pharaonen rächen.

Im Mittleren Nil wurde dann ein "kuschitisches Reich" gebildet, das tausend Jahre dauern sollte.

Das Königreich Kusch nahm viele traditionelle ägyptische Praktiken wieder auf, einschließlich ihrer Religion und der Pyramiden. Das Königreich überlebt länger als das Ägyptens und dringt sogar in letzteres ein. Ungefähr sechs Jahrhunderte vor unserer Zeit wurden die kuschitischen Pharaonen in ihre Herkunftsregion Nubien zurückgedrängt und bildeten in Napata ein ursprüngliches Königreich, eine Synthese aus nubischen und ägyptischen Einflüssen.

In diesem Zusammenhang fand das Aufkommen der Candaces statt, bei denen Königinnen effektiv die höchste politische Macht ausübten. Die Wirksamkeit ihres kaiserlichen Status und ihrer Funktionen spiegelt sich in den königlichen Titeln wider, die sie tragen und die dem pharaonischen Protokoll entlehnt sind. Es findet auch ein Echo in der Bibel.

Während der Römerzeit handelten die Kuschiten mit den Römern und wurden auch als Söldner gefürchtet.

3.1.3 Äthiopisches Reich

Das äthiopische Reich wird auch Abessinien genannt und bezieht sich auf die von der Zagoué Dysnatie gegründete politische Gruppe.

Aber ab dem dreizehnten Jahrhundert beanspruchen Texte eine Legitimität, die von der Königin von Saba geerbt wurde.

Das Königreich Aksum oder Aksumite Empire war ein wichtiger und prosperierender Staat im Nordosten Afrikas, der sich ab dem 6. Jahrhundert vor Christus entwickelte. AD, um seinen Höhepunkt im ersten Jahrhundert zu erreichen. Die alte Hauptstadt Aksum lag im Norden des heutigen Äthiopien. Ab dem vierten Jahrhundert verwendete das Königreich den Namen "Äthiopien", der in der alten Geographie

Afrika bezeichnete (das alte Afrika war damals nur das heutige Tunesien). Es ist auch der vermutete Ort, an dem die Bundeslade und das Haus der Königin von Saba nach Überlieferungen ruhen. Aksum war auch das erste große Reich, das zum Christentum konvertierte.

Das Aksum-Reich war quasi ein Verbündeter des Byzantinischen Reiches im Kampf gegen seinen gemeinsamen Konkurrenten, das Persische Reich. Nach einem zweiten goldenen Zeitalter zu Beginn des 6. Jahrhunderts begann das Reich zu verfallen und stellte im frühen siebten Jahrhundert die Produktion von aksumitischen Münzen ein. Das Königreich wurde schließlich mit der Invasion der legendären heidnischen oder jüdischen Königin Yodit (oder Gudit) im neunten oder zehnten Jahrhundert aufgelöst. Sie hätte das Aksum-Reich besiegt und Kirchen und Literatur niedergebrannt.

Nach dem Fall des Königreichs Aksum regieren die Zagoué-Dynastie und die Solomonid-Dynastie, die bis 1974 Kontinuität beanspruchen.

3.1.4 Reich von Ghana

Das Ghana Empire ist ein altes afrikanisches Königreich, das vom dritten bis zum dreizehnten Jahrhundert n. Chr. Existierte. Es ist das erste der drei großen Reiche, die die westafrikanische Kaiserzeit markieren.

Von seinen Einwohnern unter dem Namen des Ouagadou-Reiches bezeichnet, erreichte es im 10. Jahrhundert seinen Höhepunkt und erstreckte sich dann über ein Gebiet an der heutigen Grenze zwischen Mauretanien und Mali, zu dem neben Ouagadou auch die Provinzen von Ouagadou gehörten Tekrour (heutiger Senegal), Sosso, Mandé und

Diarra Mana Maga Nlakaté sowie die Goldregionen Bouré, Bambouk und Oualata. Im zehnten Jahrhundert wurde Aoudaghost annektiert, eine große Berberstadt, das Nervenzentrum des Handels zwischen dem Norden und dem Süden. Das untergehende Ghana-Reich geriet unter die Herrschaft des Mali-Reiches.

3.1.5 Songhai-Reich

Ursprünglich war das Songhai-Reich ein kleines Königreich, das sich entlang des Niger erstreckte. Im siebten Jahrhundert war es das Königreich Gao, das später ein Vasall der Reiche von Ghana und Mali wurde. Es wird im fünfzehnten Jahrhundert Reich. Das Songhaï-Reich erstreckt sich dann über einen Teil von Niger, Mali und einen Teil des heutigen Nigeria.

Die Machtübernahme der Askias führte jedoch zu einer rigorosen Wende in der Religionspolitik des Imperiums. Die Ankunft von al-Maghili zum Beispiel führt zur Zerstörung der jüdischen Gemeinden in den Oasen der Sahara. Insbesondere die von Touat. Der Islam dringt jedoch nicht in die ländliche Welt ein: Das Songhai-Reich bleibt eine städtische Zivilisation, und die Bemühungen der herrschenden Klassen bei der Organisation und Verwaltung des Reiches konzentrieren sich weiterhin auf die städtische Handelsgesellschaft. Andererseits führte das Ende des Imperiums zu einem Exodus von Imamen in ländlichen Einsiedeleien, um die herum eine zweite Islamisierung des Sudan organisiert wurde, die Islamisierung des ländlichen Raums.

3.1.6 Reich von Mali

Das Reich Mali erstreckte sich zwischen der Sahara und dem Äquatorialwald, dem Atlantik und der Nigerschleife entweder auf dem heutigen Mali, Burkina Faso, Senegal, Gambia, Guinea, Guinea-Bissau, Mauretanien und einem großen Teil von die Elfenbeinküste.

Es war ein wichtiger Knotenpunkt zwischen den Nomadenvölkern der Sahara und den Völkern des äquatorialen Schwarzafrikas.

Seine Wirtschaft basierte auf Landwirtschaft, Handwerk, Ausbeutung von Goldminen, Verkauf von Sklaven und Elfenbeinhandel an das Mittelmeer.

Es gab keine offizielle Religion. Der Kaiser war ein Muslim, aber die meisten Menschen in Mali waren Animisten. Das Volk akzeptierte den Islam des Kaisers als Attribut seiner magischen Stärke. Der Kaiser seinerseits hatte nie den Willen, sich zur Bevölkerung zu bekehren. In der Tat war Sklaverei eine soziale Realität in der mittelalterlichen malischen Gesellschaft und eine Einnahmequelle während der Kriege, aber ein Muslim kann einen anderen Muslim nicht zur Sklaverei reduzieren, daher das Interesse der Herrscher, nicht zu konvertieren Mehrheit der Menschen.

Nach dem Tod von Mansa Souleymane schwächten Erbrechtsstreitigkeiten das Reich, das von den Mossi, den Tuaregs und dann den Songhai angegriffen wurde. Um das 17. Jahrhundert.

3.1.7 Kongo Empire

Traditionell ist die Macht von König Kongo, dem Manikongo, in erster Linie spiritueller Natur, wobei diese Autorität durch übernatürliche und göttliche Kräfte sichergestellt wird, die ihm Zugang zu den Vorfahren verschaffen. Grundsätzlich wurden die Könige von den Ältesten aus den berechtigten Mitgliedern der 12 Kongo-Clans gewählt.

Historisch gesehen war das Kongo-Reich ein hoch entwickelter Staat mit einem großen Handelsnetzwerk. Abgesehen von natürlichen Ressourcen und Elfenbein schmolz und handelte das Land Kupfer, Gold, Bastkleidung und Keramik, verfügte über Währung und öffentliche Finanzen. Vor allem aber übte er Landwirtschaft, Jagd und Zucht aus. Er war wie viele andere schwarzafrikanische Völker in Kasten organisiert, aber mit einer relativ flexiblen Struktur.

Die Gründer von Kongo haben ihr Land als einen großen Kreis mit vier Sektoren und einem großen Kern verstanden. Gegen den Uhrzeigersinn sind die Sektoren:

Sektor 0: die Atlantikküste im Westen

Sektor 1: Kongo-Dya-Mpangala im Süden

Sektor 2: Kongo-Dya-Mulaza im Osten

Sektor 3: Kongo-Dya-Mpanza im Norden.

Die Anrufungen haben vier genaue Funktionen: Wahrsagerei, sie wollen eine vergangene Handlung interpretieren; Identität, sie helfen, Verbindungen zwischen der Welt der Menschen und der der Ahnen herzustellen; reinigend reinigen sie das Individuum von den Flecken von Fehlern und Verboten; Schließlich dienen Übergangsriten dazu, jeden Einzelnen zu initiieren, zu bewahren und in eine neue Funktion zu versetzen.

1568 wurde Kongo von den Yakas überfallen und die Hauptstadt Mbanza-Kongo zerstört. König Alvaro Ich musste Sebastien zuerst von Portugal um Hilfe bitten, der ihn 1571 wiederherstellte. Die portugiesische Vormachtstellung wurde dann total.

1665 unternahmen die portugiesischen Siedler aus Angola eine Expedition gegen das Königreich, um seine Minen zu beschlagnahmen.

Das Kongo-Königreich bestand jedoch zwei Jahrhunderte lang als Marionettenstaat weiter. Die Kämpfe dauerten bis zur Unabhängigkeit an, wie die der Königin Ana Nzinga, die von 1626 bis 1648 die portugiesische, niederländische und britische Koalition in Schach hielt und die Ausweitung des Sklavenhandels verlangsamte. Diese nationalistischen Ausbrüche nahmen manchmal eine religiöse Form an, wie während des Kreuzzugs der Prophetin Ndona Kimpa Vita, zu der der Heilige Antonius von Padua befohlen hätte, den Kongo zu vereinen und zu befreien. Sie wurde 1706 vom Manikongo auf Ersuchen der Portugiesen zum Pfahl verurteilt.

Auf der Berliner Konferenz 1884-1885 teilten die europäischen Mächte Afrika unter sich auf; Portugal beanspruchte auf der Grundlage früherer Verträge mit dem Kongo-Reich die Souveränität über seine Gebiete. Léopold Deux aus Belgien erhielt persönlich einen Großteil des Kongo, der zum unabhängigen Staat Kongo wurde. Im Nordwesten des so gebildeten Staates, nach Frankreich zurückgekehrt, ist es die Kongo-Brazzaville. Der Rest kehrte nach Portugal zurück.

3.1.8 Reich der Monomotapa

Das Monomotapa-Reich, auch Reich von Groß-Simbabwe, Mwene Mutapa, Munhumutapa oder Mutapa genannt, war ein mittelalterliches Königreich (ca. 1450-1629) im südlichen Afrika und umfasste die Gebiete des heutigen Simbabwe und Südmosambiks südlich des Sambesi. Die Hauptstadt war Great Zimbabwe.

Die Monomotapa erreichte dank des Goldhandels um die 1440er Jahre ihren Höhepunkt. Es wurde aus dem Gebiet des Reiches in den Hafen von Sofala im Süden des Sambesi-Deltas exportiert, wo indische Händler es kauften: Textilien aus Gujarat wurden an den Küsten gegen Gold eingetauscht. Der Druck portugiesischer und arabischer Händler verschob jedoch schnell das Kräfteverhältnis in der Region.

Die Portugiesen begannen 1505 mit ihren Versuchen, das Monomotapa-Reich zu beherrschen, blieben aber laut Fernand Braudel bis 1513 viele Jahre an der Küste.

Das Monomotapa-Reich lehnte aus internen Gründen ab: Kämpfe zwischen rivalisierenden Fraktionen und die Erschöpfung von Gold aus den von ihm kontrollierten Flüssen. Der Goldhandel wurde dann durch den Sklavenhandel ersetzt. Zu dieser Zeit wurden die arabischen Staaten Sansibar und Kilwa dank des Sklavenhandels mit Arabien, Persien und Indien in der Region dominant.

Das Reich wurde schließlich 1629 von den Portugiesen erobert und erlangte nie wieder seine Unabhängigkeit. Die letzten Vertreter der königlichen Familien gründeten ein weiteres Mutapa-Königreich in Mosambik, manchmal auch "Karanga" genannt. Die Karanga-Könige wurden Mambos (Plural) genannt und regierten die Region bis 1902.

3.1.9 Reich der Monomotapa

Das Königreich Oyo ist ein ehemaliger afrikanischer Staat, der im 15. Jahrhundert von den Yoruba im heutigen Nigeria gegründet wurde. Dieses Königreich wurde im Westen durch das Königreich Dahomey, im Norden durch die Noupé und im Osten durch den Niger begrenzt.

Das Königreich Oyo hatte große Krieger und ausgezeichnete Kavallerie.

Die Yorubas waren stark vom Sklavenhandel betroffen. In der Tat war Oyo ein Sklavenreich und unterhielt verschiedene Handelsbeziehungen zu den Europäern, zunächst zu den Portugiesen. Die Yoruba wurden von europäischen Sklavenhändlern als ein Volk angesehen, dessen Individuen physisch besser gebaut waren als andere afrikanische ethnische Gruppen.

Das Königreich Oyo verdankt seinen Niedergang europäischen Siedlern, die die Spaltungen zwischen den verschiedenen Oba schürten. Anschließend befragte dieser den Yalafin, den König von Oyo. Die verschiedenen Provinzen des Königreichs erlangten somit abwechselnd ihre Unabhängigkeit. Unabhängig davon führten alle von der Oba regierten Provinzen Krieg gegeneinander. Die Fulani und Hausa aus dem Norden des Landes nutzten diese chaotische Situation, um Dschihads gegen die Yoruba zu starten, um ihnen ihre Herrschaft aufzuzwingen und sie zum Islam zu konvertieren. Sie werden keinen Erfolg haben. Den Peuls gelang es 1837, viele Provinzen sowie die Hauptstadt Oyo zu erobern. Ende des 19. Jahrhunderts wehrten die britischen Kolonisten die Angriffe von Dahomey auf Oyo sowie die der Peuls ab und verhängten ihre Herrschaft definitiv auf den Yoruba-Ländern im Jahr 1897. Der letzte Yalafin von Oyo war Abiodun.

3.2 Afrika und seine Union

Die Afrikanische Union (AU) ist eine Organisation afrikanischer Staaten, die 2002 gegründet wurde und die Organisation der Afrikanischen Einheit (OAU) ersetzt.

Es hat seine eigenen Institutionen (Kommission, Panafrikanisches Parlament und Friedens- und Sicherheitsrat).

Ihre Ziele sind die Förderung von Demokratie, Menschenrechten und Entwicklung in ganz Afrika, insbesondere durch die Erhöhung der externen Investitionen durch das Programm der Neuen Partnerschaft für die Entwicklung Afrikas. Afrika (NEPAD). Dieses Programm betrachtet Frieden und Demokratie als wesentliche Voraussetzungen für eine nachhaltige Entwicklung.

Zu den Zielen der AU gehört die Schaffung einer zentralen Entwicklungsbank.

3.3 Afrika und seine Hymne

Der Afrikaner ist die Hymne der Afrikanischen Union, die zuerst als Organisation der Afrikanischen Einheit, dann als Afrikanische Union bezeichnet wurde, sowie die Hymne, die mit den folgenden Worten neu arrangiert wurde, um mit seiner Empfindung abgewogen zu werden:

" Laßt uns alle zusammen kommen und feiern,

Die Siege für unsere Befreiung gewonnen.

Laßt uns als ein Mann engagieren und aufstehen,

Um unsere Freiheit und unsere Einheit zu verteidigen.

Chor :

O Söhne und Töchter Afrikas,

Fleisch der Sonne und Fleisch des Himmels,

Machen wir Afrika zum Baum des Lebens.

Laßt uns alle vereinen und zusammen singen,

Um die Bindungen aufrechtzuerhalten, die unser Schicksal bestimmen.

Laßt uns alle dem Kampf widmen,

Für dauerhaften Frieden und Gerechtigkeit auf Erden.

Chor

Laßt uns alle vereinen und hart arbeiten,

Um Afrika das Beste von uns zu geben,

Wiege der Menschheit und Quelle der Kultur,

Unser Stolz und unsere Hoffnung werden wahr. """

3.4 Afrika und seine Flagge

Die Flagge der Afrikanischen Union (AU) ist das Design des afrikanischen Kontinents auf grünem Hintergrund, umgeben von dreiundfünfzig Sternen und über einer stilisierten Sonne verputzt. Der grüne Hintergrund symbolisiert die Hoffnung Afrikas und die Sterne repräsentieren die Mitgliedstaaten des Blocks.

Das Emblem der Afrikanischen Union besteht aus einem Goldband mit kleinen überlappenden roten Ringen, Palmblättern, die um einen äußeren Goldkreis wachsen, und einem grünen Innenkreis, in dem die Gold ist eine Repräsentation Afrikas. Die Karte von Afrika ohne Grenzen repräsentiert die Einheit des afrikanischen Kontinents. Der goldene Kreis symbolisiert den Reichtum Afrikas und seine Zukunft. Palmblätter stehen für Frieden. Der grüne Kreis symbolisiert die Hoffnungen und Bestrebungen Afrikas. Schließlich steht der rote Kreis für afrikanische Solidarität und das Blutvergießen für seine Befreiung.

KAPITEL IV

DER GRAL, RECHT DES BODENS UND RECHT DES BLUTES

4.1 Der Gral und das Recht des Bodens

Das Wort «Boden» ist ein Ausdruck, der von den Menschen in ihrer leichtfertigen und unüberlegten Art des Redens in den meisten Fällen falsch angewendet wird.

Durch Trägheit des Geistes gehemmt, wird der Ausdruck nicht genügend durchempfunden, um ihn auch richtig erfassen zu können. Wer ihn aber nicht in seinem ganzen Umfange erfaßt hat, wird ihn auch nie richtig anwenden können.

Und doch ist es gerade "Boden", welche den Menschen eine starke Brücke bietet zu dem Aufstiege in lichte Höhen, zu dem Reifenkönnen eines jeden Menschengeistes und zur Vervollkommnung für ein ewiges Seinkönnen in dieser Schöpfung, die das Haus Gottvaters ist, das Er den Menschen zur Verfügung stellt, wenn ... sie darin ihm *angenehme* Gäste bleiben. Gäste, die nicht Schaden anrichten in Räumen, die ihnen gnadenvoll nur zur Benutzung überlassen wurden bei immer reichgedecktem Tische.

Wie weit entfernt ist aber jetzt der Mensch von dem für ihn so notwendigen Bodenrecht!

Doch ohne den Boden kann er nichts für seinen Geist erreichen.

Der Geist *muß* das Bodenrecht besitzen; denn er ist und bleibt ein Kind der Schöpfung, auch wenn er volle Reife sich erwarb.

Eine Pflicht des Bodens! Dieser Ausdruck enthält der tiefe Sinn; denn zu einem Kinde Gottes muß er sich entwickeln. Ob er es je erreicht, das hängt allein vom Grade der Erkenntnis ab, die er sich anzueignen willig ist auf seiner Wanderung durch alle Stofflichkeit. In dem es Gralsböden und Gralsgärten gibt.

4.2 Schwarzer Mann und Recht des Bodens

Das unverzerrte Gehirn ist dein Werkzeug für den Dienst des Grals!

Siehst zu, daß du wieder geistig tätig bist, indem du das Wort des Herrn durch Ihre Hände lebst!

Und die Gralsbotschaft wird dich so verändern, daß deine Hände Macher von bleibenden und gesegneten Werken auf deinem Boden werden können!

Und das Recht des Bodens wird eine andere Bedeutung haben als ein Recht auf die Gewährung einer Staatsangehörigkeit zu einer natürlichen Person aufgrund ihrer Geburt in einem bestimmten Gebiet mit oder ohne zusätzliche Bedingungen.

Nach meinen früheren Erklärungen und tief in dir sehend, wirst du schnell die Beziehungen des Bodens mit der Anrufung der alten Götter sehen, vor allem deutsche Bürger mit der Anrufung ihrer Götter und römische oder griechische Bürger mit der Anrufung auch ihrer alten Götter.

In gleicher Weise definierte die Unabhängigkeitsbewegung in Amerika und im selben Zeitraum die Französische Revolution den Begriff der Staatsbürgerschaft in einem neuen Licht...

Und dieses Recht ist trotz der verschiedenen Formen universal geworden.

4.3 Der Gral und das Recht des Blutes

Blut ist ein Begriff, der von den Erdenmenschen so unglaublich eingeengt worden ist, daß von der tatsächlichen Bedeutung gar nichts übrig blieb; er wurde sogar auf eine falsche Bahn gezerrt, was zur natürlichen Folge haben mußte, daß dieses Verbiegen über viele Menschen eine nutzlose Bedrückung brachte und sogar sehr oft auch unsagbares Leid.

Fragt, wo Ihr wollt, was Blut ist, Ihr werdet überall als Antwort den Begriff für körperliche Rasse, körperliche Reinheit in irgendeiner Form erklärt erhalten, jedenfalls gipfelt für die Erdenmenschen darin ihre Anschauung.

Das zeugt so ganz von kleiner Denkungsart der Menschen, die sich dem Verstande unterordnen, welcher selbst die Grenzen alles Irdischen gezogen hat, weil er nicht weiter reichen kann mit seinen Fähigkeiten, die aus Irdischem geboren sind.

Wie leicht würde es da dem Menschen sein, als reine und edle zu gelten und sich darin einen Ruf zu schaffen, während er in eitler Selbstverherrlichung sich sonnt, sich zu verherrlichen. Aber nicht einen Schritt gelangt er damit aufwärts auf dem Wege zu den lichten Gärten, die als Paradies das glückselige Endziel eines Menschengeistes sind.

Es nützt dem Erdenmenschen nichts, wenn er den grobstofflichen Körper sauber erhält und seinen Geist befleckt, der dann die Schwellen niemals überschreiten kann, die von der einen Stufe zu der andern aufwärts führen.

Der Begriff des Blutes ist anders als die Menschen es sich denken, viel umfassender, größer, dieser verlangt nicht, gegen die Natur sich einzustellen; denn das wäre ein Vergehen wider die in Gottes Schöpfung schwingenden Gesetze, was nicht ohne nachteilige Auswirkungen bleiben kann.

Blut ist der irdische Begriff der Strahlung, der geistig ist. Es ist für jeden Menschengeist die Sehnsucht, in Grobstofflichkeit zu verwirklichen, was als Reflexion jener Reinheit empfunden wird, die im Gral offensichtlich ist.

4.4 Schwarzes Weib und Blutrecht

Das Kleinhirn ist dein Werkzeug für den Dienst des Grals!

Siehst zu, daß du wieder geistig tätig bist, indem du das Wort des Herrn in deinem Herzen lebst!

Und die Gralsbotschaft wird dich ändern, damit dein Herz, deine Seele und dein Geist ein günstiger Grund für die Aufnahme von Strahlung aus dem Gral werden kann!

Und das Gesetz des Blutes wird eine andere Bedeutung haben. Es wird nicht mehr in erster Linie die Rechtsstaatlichkeit sein, die Kindern die Staatsangehörigkeit ihrer Eltern gewährt, unabhängig von ihrem Geburtsort.

Das Blutrecht beruht nicht mehr auf der biologischen Übertragung, sondern auch aus rechtlichen Gründen; denn es gilt für alle juristischen Kinder, namentlich die adoptierten Kinder.

Und infolge der Unsittlichkeit wegen der Ursünde ist die biologische Kindschaft seit Jahrtausenden niemals sicher gewesen.

Aber reine Liebe berücksichtigt diese Art von Kindschaft nicht...

KAPITEL V

Die Pflichten und Rechte des schwarzen Weibes

5.1 Die Pflichten des schwarzen Weibes
5.2 Die Pflichten des schwarzen Mannes
5.3 Der Respekt des schwarzen Weibes
5.4 Der Respekt des schwarzen Mannes
5.5 Das Recht des schwarzen Weibes
5.6 Das Recht des schwarzen Mannes

5.1 Die Pflichten des schwarzen Weibes

Dem(Weib) viel gegeben ist, von dem(Weib) wird er viel verlangt...
Und die afrikanische Frau hat viel von Gott, dem Licht, dem Heiligen
Geist empfangen! Der Ehegatte, der von Jesus, dem Gottessohn
angekündigt wurde!

Und Gott der Heilige Geist, Imanuel kam und gab der schwarzen
Frau viel ... namentlich ihre Hand für die Hochzeit!

Seine Hand ist nichts anderes als sein Heiliges Wort, die
Gralsbotschaft!

Leider ist sein Wort zu einem Buch von sieben Siegeln hier auf
Erden geworden!

Jetzt ist es die Pflicht der Frau, besonders der weißen Frau, nach
seinem Wort, die Naturgesetze der Schöpfung zu leben! Ihre Rolle ist es,
die wahre Bedeutung der Sprache Gottes in der Schöpfung zu
verstehen. Die Sprache Gottes ist nichts anderes als die Gesetze der
Natur, die wir durch unsere wissenschaftlichen und kulturellen
Beobachtungen erkennen.

Es gilt, nach den Geboten Gottes zu leben, das heißt, sie in ihren
Sinnen zu verstehen, die von Abd-ru-shin, dem Licht gegeben werden.
Um dies zu erreichen, gab Gott das Licht der schwarzen Frau ein
geistiges Werkzeug, namentlich ihre Empfindung.

Die Pflicht der Frau ist, in allem, was sie tut, sagt und denkt, rein zu
sein. Und ihr wird dann alles andere zuteil.

Die für die Frau erwünschte Reinheit geht nicht aus dem
zerebralen Verständnis hervor, sondern aus dem geistigen Verständnis,
das aus dem Herzen, der Empfindung, dem Werkzeug des Geistes

kommt. Nicht von dem Verstand, dem Werkzeug des physischen Körpers.

Um diese geistige Reinheit zu erlangen, braucht die Erdenfrau weder mühsames Studium der Bücher noch geistige Zurückhaltung, noch Askese oder Isolation in einem Kloster oder in einem Haus nicht.

Die Frau muss gesund sein in Körper, Seele und Geist, befreit von allem schlechten Einfluss und Unterdrückung durch Missverständnisse und kränkliche Zuneigung verursacht.

Dann wird die Frucht, die die afrikanische Frau dem Menschen geben wird, was auch immer die Rasse, diesmal gesegnet wird!

So wird sie ein neues Recht haben...

5.2 Die Pflichten des schwarzen Mannes

Wenn die schwarze Frau nach der Sprache des Herrn lebt, dann nach den Naturgesetzen der Schöpfung, dann kann der schwarze Mann nur die Frau im strengen Sinne des Wortes schützen!

Seine Pflicht ist der Schutz der Frauen!

Was auch immer die Farbe der Haut oder die Nationalität von ihnen!

Der schwarze Mann muß ihr einen Dienst erweisen, für den sie zu ihm gemacht hat!

Der Dienst, den die Frau sie erwiesen hat, ist natürlich seine Geburt!

Denn er hat das Leben auf Erden durch die Frau gewonnen!

Er darf es nie vergessen!

Und folglich ist es seine Pflicht die Frau, zu lieben, zu ehren und auch zu achten, die dem Willen Gottes, den Naturgesetzen der Schöpfung treu ist!

5.3 Die Rechte des schwarzen Weibes !

Es sollten materielle Rechte und geistige Rechte bestehen.

Aber im Allgemeinen waren die behaupteten Rechte und sind oft die materiellen Rechte des Mannes im Allgemeinen und nicht die geistigen Rechte der Frau, namentlich der schwarzen Frau!

Daher die Geburt der feministischen Bewegungen! Aber leider vergessen diese feministischen Bewegungen oft, die geistigen Rechte der Frauen zu beanspruchen; darüber hinaus das gleiche für alle anderen Bewegungen, infolge des Ursündenfalls.

Aus diesem Grund können feministische Bewegungen ihre Ziele nicht erreichen, weil ihre Fragen im Allgemeinen mit den materiellen Vorstellungen von Frauenrechten verbunden sind.

Die Frage der Frauenrechte ist eng mit der geistigen Welt verbunden. Feministische Bewegungen fordern in der Regel eine stärkere Anerkennung der irdischen Rechte der Frauen.

Wenn feministische Forderungen geistig sind, so werden sie in keiner Weise den wahren religiösen und moralischen Normen der Gesellschaften widersprechen.

Aber jede Frau muß persönlich ihr Herz sprechen lassen, um ein Recht zu beanspruchen, das in Naturgesetzen schwingt! Und es darf sich nicht kollektiv von verschiedenen Bewegungen leiten lassen, um Rechte zu beanspruchen, die nicht in ihr lebendig sind!

Auf diese Weise hilft sie den Schwestern, in dieser Welt besser zu kämpfen! Denn ihr Kampf ist kein irdischer Kampf, sondern vor allem ein geistiger Kampf!

Und wenn sie keinen geistigen Kampf gewinnt, ist ihre irdische Schlacht vorher verloren; trotz der Kräfte, Geld oder Politik, die sie zum Sieg bringen könnte...

5.4 Die Rechte des schwarzen Mannes

Die Menschenrechtsphilosophie hinterfragt die Existenz, das Wesen und die Rechtfertigung solcher Rechte angesichts der Vorwürfe, die der Behauptung ihrer Universalität in dieser Welt entgegenstehen mögen, sowohl religiös als auch weltlich, beherrscht durch den Verstand.

Dies ist ein besonders wichtiges Thema anzusprechen, weil der schwarze Mann darin etwas klarer sehen will.

Menschenrechte sind Vorrechte, die Einzelpersonen, insbesondere schwarze Männer, besitzen, die von Staaten und Institutionen verlangt werden, sie zu respektieren und aufrechtzuerhalten.

Schwarze Menschenrechte sind unveräußerlich, weil niemand sie vorübergehend oder dauerhaft, freiwillig oder nicht verlieren kann. Und sie sind universell, weil sie nicht, wie gewöhnlich auf Verstand begründet, das Produkt des Hirnes, sondern auf der Empfindung, dem Produkt des Geistes, begründet sind! Und noch weniger die Besonderheiten der wissenschaftlichen und religiösen Beobachtungen.

Für viele weiße Männer sind diese Menschenrechte internationale Standards, die für alle Länder und alle Völker gelten sollten und somit das Recht auf tiefes geistiges Studium in allen Lebensbereichen rechtfertigen.

5.5 Die Achtung vor dem schwarzen Weib

Im Gegensatz zu dem, was bis heute angenommen ist, kommt Achtung von oben!

Denn Achtung hat eine geistige und sinnvolle Bedeutung! Weil durch die Achtung kommt das Wort "heilig", das mit dem Begriff des "Lichts" verbunden ist!

Dieses Wort ist mit dem Begriff des Vorbildes und auch mit dem Begriff der Tugend verbunden!

Aus diesem Grund muß die Frau zuerst ein Vorbild im Alltag seien, bevor sie geachtet wird ... von anderen!

Hier muß der Begriff der anderen geistig gut verstanden werden! Denn die andern sind vor allem die Diener des Lichts, Gottes und nicht die Erdenmenschen als solche hier auf Erden. Natürlich müssen wir unter den anderen die Männer dieses Weltalls zählen, aber diese kommen an zweiter Stelle!

Das Vorbild, von dem ich hier spreche, ist durch das Wort "Mutterschaft" gut veranschaulicht ... Denn dieses Wort wird oft mit "Liebe" und "Reinheit" von denen ausgesprochen, die es als letztes Mittel an der Stelle des Kampfes mit Vertrauen verwenden ... weil die Stimme der Empfindung der Liebe über den Verstand maßgebend ist!

Und die beiden Worte Liebe und Reinheit rufen die Begriffe von Keuschheit und Kindlichkeit hervor!

5.6 Die Achtung vor dem schwarzen Mann

Im Gegensatz zu dem, was bis jetzt zugelassen ist, kommt die Achtung vor dem Mann von der Frau!

Achtung hat auch eine geistige Bedeutung! Achtung kommt aus dem Wort "heilig"; in diesem Fall ist dieser mit dem Begriff der "Frau" verbunden!

Dieses Wort bezieht sich auch auf den Begriff des Vorbildes und vor allem auf den Begriff des Schutzes!

Darum muß der Mann das Vorbild im alltäglichen Leben in diesem Sinne zeigen, bevor er tatsächlich respektiert wird ... von anderen!

Das Vorbild, von dem ich hier spreche, wird durch das Wort "Vaterschaft" gut veranschaulicht. Dieses Wort wird oft mit "Brüderlichkeit" und "Demut" von denen ausgesprochen, die es als ersten Ausweg am Ort des Kampfes mit Zuversicht verwenden ... denn die Stimme der Empfindung der Gerechtigkeit hat Vorrang vor der Vernunft!

Und die beiden Worte Demut und Brüderlichkeit rufen den Begriff von Heldentum und Mut hervor!

Sie können sehen, daß alles ein Ganzes bildet; Pflicht, Recht und Achtung im Dreiklang!

Und du wirst es bald mit dem gut geschwächten Begriff "Ehrenrecht" in verschiedenen Bräuchen verstehen ... wovon das Weib leidet!

Ich werde darüber wieder zurückkommen!

KAPITEL VI

DIE WERKSTATT VON GENIEN DER NATUR: AFRIKA

6.1 Die Wesenhaften

6.2 Die Führer der Wesenhaften

6.3 Die Werkstatt der Wesenhaften

6.4 Die Geographie von Afrika

6.5 Das Werk: Afrika

6.1 Die Wesenhaften

Die Genies der Natur! Die wahren Diener Gottes in der Schöpfung!

Für Gottgläubige, ein grauer Schleier umhüllt immer noch das Geheimnis über die Wesenhaften!

Ich habe davon viele persönliche Erlebnisse auf Erden gemacht.

Sobald ich von den Wesenhaften zu einem Gläubigen spreche, kann man ein gewisses Unwohlsein fühlen, unwillkürlich oder willkürlich!

Für viele ist das Wort "Wesenhaft" mit der mystischen Welt verbunden!

Aber das Gegenteil ist wahr mit dem Wort "Wesenhaft"!

Die Wesenhaften haben mit Gott, dem Licht zu tun! Daher sind sie weit von dem Obskurantismus der blinden Glauben und Dogmen der Kirchen, Tempel, Moscheen und so weiter ... entfernt.

Aber die Gralsbotschaft von Abd-ru-shin zeigt ein wenig mehr die Tätigkeiten der Wesenhaften!

Verweisen wir uns einfach auf den Vortrag " Das Wesenhafte" Vortrag 25, Band 3, Gralsbotschaft.

Für alle, die ein wenig klar denken, werden der beschriebene Charakter Parzival in bekannter Gral Literatur von heute, dann der beschriebene Charakter Imanuel in der Prophezeiung des Jesaja im Alten Testament und schließlich der beschriebene Charakter des Geistes der Wahrheit, der in der Prophezeiung Jesu über die Lehre von aller Wahrheit, der der Erlöser, der Tröster ist, ihm viele Dinge erzählen!

Und das Licht berief und gab einigen Menschen Geschenke, um bestimmte Tatsachen zu empfangen, die in Beziehung auf Unbekanntes aus dem Leben des Sohnes Gottes Jesus waren!

Und wir konnten aus ihren Schriften lesen:

"Ein schweres Unwetter entlud sich über dem See. Von allen Seiten schien der Sturm heranzubrausen. Überall zuckten die Blitze fast gleichzeitig und der Donner grollte ohne Unterbrechung.

Die Jünger beeilten, ein Haus zu erreichen, ehe der Regen herniederrasseln würde. Einige von ihnen fürchteten sich; das Toben der Elemente war ihnen unheimlich.

Jesus aber blieb auf einem kleinen Hügel, den die Straße überquerte, stehen. Er hatte die Hand lose ineinandergelegt und schaute gebannt auf das Toben der Wellen, das Neigen der Bäume und die Sandwirbel, die dazwischen aufstiegen.

«Gottes Diener sind am Werk», sagte er ruhig. «Sie reinigen die Luft. » Verwehte Zeit Erwacht

So sprach Jesus zu seinen Lebzeiten von den Wesenhaften oder den Genies der Natur oder den Geistern der Natur, wenn du es mit diesem Begriff besser verstehst!

Aber seine Jünger hatten ihn nicht alles erfaßt, was er sagte.

"Suchet und so werdet Ihr finden" versprach Jesus an jedem Wahrheitssuchender.

Und in der Bibel, in den Psalmen Davids, es steht geschrieben:

"Der, Du machst Deine Engel zu Winden und Deine Diener zu Feurflammen" Psalm Kapitel 104, Vers 4

Darum müssen Christen und Juden in keiner Weise das Bestehen dieser Diener Gottes leugnen!

Was die Muslime betrifft, so spricht der Qur'an davon in Bezug auf "Djinn" Koran Sura 72

6.2 Die Führer der Wesenhaften

" Wem viel gegeben wird, wird von ihm viel verlangen werden..." Abd-ru-shin sagte in seiner Gralsbotschaft "Im Lichte der Wahrheit".

Als das Licht, Gott, der Heilige Geist hat viel von Anfang an dem schwarzen Mann gegeben, es ist keine Rede, über Fehler zu sprechen, sondern über Sünden, weil wir jetzt im Gericht Gottes sind.

Das Licht weiß nicht im Gericht halber Maße, entweder der schwarze Mann der Erde schwingt im Lichte der Wahrheit oder im Schlamm des Dunkels.

Und das Nicht-Wissen-Wollen von diesen großen Dienern Gottes in seiner Schöpfung ist eine Schuld zu korrigieren!

Für den schwarzen Mann, um es zu tun, schrieb das Wort in Person einen Vortrag über sie in Band 2 seiner Gralsbotschaft.

Die afrikanische Mythologie, insbesondere die ägyptische Mythologie, ist nicht das Produkt der Phantasie der Ägypter oder der Männer der Antike, sondern wurde und wird vom Licht, Gott gewollt, damit der schwarze Mann vom Polytheismus zum Monotheismus übergehen kann!

Ohne ihr Wirken kann der Mensch die geistige Erkenntnis Gottes nicht erwerben! Namentlich die Erkenntnis!

Und hier wieder fassen die Worte des Sohnes Gottes in diesen einfachen Worten zusammen:

"Sie kennen weder mich noch den Vater ..."

Daher ist die Dreiheit der römischen Götter, namentlich Jupiter, Neptun und Pluto, als solche gewollt; denn alle Völker der Erde haben in einer Art und Weise in einem anderen mit ihnen für die vom Licht gewollten und geplanten guten Zwecken zu tun.

Und nicht für die bösen Ursachen, vor allem die Opfer, die der Böse gewollt hat, besonders Re, unter dem Äußeren eines alten Gottes! Vor allem in Form einer Sonne ...

Ich habe schon davon gesprochen und ich werde in Zukunft darüber reden!

Die zehn Wunden Ägyptens werden von Mose unter dem Befehl Gottes, des Heiligen Geistes, durch diese Führer der Wesenhaften, die Götter genannt sind, die in ihrem Wohnsitz des Grals bleiben, im Jenseits Olympus genannt, namentlich ihre Heimat und das Paradies ausgelöst gegen den Pharao und das Volk von Ägypten, nicht gegen jene alten Götter, die neben Gott sind!

Und Moses, ein Gesandter des Heiligen Grals, hat eine enge Beziehung zur Welt des Grals dieser Götter im Paradies und der Wesenhaften auf Erden!

Auch hier hängt alles vom Mann ab! Und nicht vom Licht, Gott und sogar noch weniger von alten Göttern!

" Dir geschehe, wie du willst!»

6.3 Die Werkstatt von den Wesenhaften

Derjenige, der mit seinem Verstand lebt, ist in jeder Hinsicht wirklich realistisch! Und der materialistische Mann ist am weitesten davon, außerdem sieht er nicht einmal das zehnte seiner materiellen Welt!

Darum kann er nicht mit seinem verkrüppelten Verstand die Werkstatt der Wesenhaften spüren, die in der Welt der mittleren

Grobstofflichkeit ist, die von dem Licht in seiner Gralsbotschaft beschrieben ist!

Die Geister der Natur oder die Genies der Natur haben eine wohldefinierte Persönlichkeit. Sie sind die Hüter des Gebiets, in denen Menschen leben und mit wem sollten sie einfach und natürlich soziale Beziehungen aufzubauen. Sie sollen mit natürlichen Phänomenen identifiziert werden, wie dem Geist des Donners, dem Geist des Windes, dem Geist des Sturms, des Regens und so weiter. All diese geistigen Wesen sind Wesen von Gott geschaffen und sind mächtiger als die Menschen in der Gegenwart im Gericht.

Diese Wesenhaften sind immer gut, freundlich und vorteilhat für die Menschen. In keinem Fall können sie schlecht sein oder sogar eine ambivalente Natur haben; oder sogar feindlich.

Einige greifen selten ein, andere sind allgegenwärtig im Alltag. Manche reisen viel, andere sind sesshaft. Jede dieser Wesenhaften nimmt einen genau definierten Ort auf einer hierarchischen Skala ein und ihre Beziehungen zueinander und mit Menschen werden nach dieser hierarchischen Position nach dem Willen Gottes kodifiziert.

Geister, die bei Männern anläßlich der Trance- oder Besitzzustände in Berührung kommen, sind nicht allgemein die Geister der Natur.

Manchmal erobern ganze Familien von verstorbenen Menschengeistern regelmäßig eine Person und diktieren seine Handlungen zum Nutzen des Clans oder der Gemeinschaft als Ganzes. Und dies ist nicht als solche durch den Willen Gottes bestimmt!

Vielleicht ein einziges Wort "Mummy Water (Mama Wasser)"! Und der Begriff des Wassers kann ein paar Dinge zu einigen sagen!

Etymologisch kommt dieser Ausdruck aus den englischen Wörtern "Mummy Water", was bedeutet "Mutter Wasser"!

Und diese Wasserwesen sind große Diener Gottes und sie haben nichts mit der ungesunden Anbetung von Menschen zu tun, die Sünder geworden sind, die von dem wahren Kult von Gott, Gottvater, Gottsohn und Gottheiligegeist, abgeleitet sind!

6.4 Die Geographie von Afrika

Wie eine Insel taucht der Boden Afrikas mit einer Fläche von 30 Millionen Quadratkilometern aus dem Wasser auf, das im Norden vom Mittelmeer, im Osten vom Roten Meer und dem Indischen Ozean, im Süden vom Indischen Ozean umgeben ist und der Südatlantik und im Westen der Nordatlantik.

Die wenig eingerückten Rippen sind lang und das Fehlen tiefer Einschnitte am Ufer ist bemerkenswert.

Allein die Sahara, die größte Wüste Afrikas und die größte heiße Wüste der Welt, bedeckt einen großen Teil Nordafrikas. Die Sahelzone, ein durchgehender Streifen halbtrockener tropischer Savannen südlich der Sahara. So machen die hyperariden, ariden und semi-ariden Regionen Nordafrikas (Sahara und Sahelzone) etwa ein Drittel der Gesamtfläche des afrikanischen Kontinents aus.

Der tropische und subtropische Wald Afrikas bildet ein Biom intertropischer Zonen, das durch eine hohe und dichte Vegetationsbildung sowie ein heißes und sehr feuchtes Klima gekennzeichnet ist.

Es ist der reichste Wald in spezifischer Vielfalt, sowohl für Bäume als auch für Flora und Fauna im Allgemeinen. Die endemischen Arten, Gattungen oder Familien sind die höchsten unter den Ökosystemen der entstandenen Länder. Der Begriff Äquatorialwald bezeichnet auch den Primärwald, der dieses Biom besetzt.

In vereinfachter Weise ist das tropische Klima durch die Hitze und den Wechsel der Niederschläge in vier Jahreszeiten gekennzeichnet, die als trocken und nass bezeichnet werden.

Wie ein vom Licht gut versorgter Tisch besteht die Flora aus Landpflanzen mit tropischen Früchten, Pflanzen und anderen Pflanzen und Meerespflanzen.

Die Fauna ist dort sehr reich. Es besteht aus Land- und Meeresfauna.

Der Nil ist ein afrikanischer Fluss. Mit einer Länge von ca. 6.700 km ist es der Amazonas, der längste Fluss der Welt. Es kommt vom Treffen des Weißen Nils und des Blauen Nils. Der Weiße Nil entspringt im Viktoriasee (Uganda, Kenia, Tansania); Der Blaue Nil stammt aus dem Tanasee (Äthiopien). Seine beiden Zweige vereinigen sich in Khartum, der Hauptstadt des heutigen Sudan. Der Nil fließt ins Mittelmeer und bildet im Norden Ägyptens ein Delta. Mit seinen beiden Zweigen durchquert der Nil Ruanda, Burundi, Tansania, Uganda, Äthiopien, Südsudan, Sudan und Ägypten. Es grenzt auch an Kenia und die Demokratische Republik Kongo (jeweils mit den Seen Victoria und Albert), und seine Wasserscheide betrifft Eritrea dank seines Nebenflusses Tekezé.

Der Kongo ist ein zentralafrikanischer Fluss, der im Hochland am Rande des südlichen Afrikas entspringt, viele Länder (hauptsächlich die Demokratische Republik Kongo) entwässert und in den Atlantik mündet. Mit einer Länge von 4.700 Kilometern ist es der achtlängste Fluss der Welt, aber der zweite nach dem Amazonas für seinen Fluss.

Eine Bergkette ist ein erhöhtes Relief, das mehrere Berge, Gipfel, Gipfel, Berge und andere Nadeln zusammenbringt, die entweder aus der

Kollision zweier Kontinentalplatten oder aus der Subduktion einer Ozeanplatte unter eine Ozean- oder Kontinentalplatte entstanden sind.

Der Drakensberg ist eine Bergkette aus Südafrika und Lesotho, die sich nach Norden bis nach Swasiland erstreckt.

Der Atlas ist eine Bergkette in Nordafrika. Diese Bergkette erstreckt sich über drei Maghreb-Länder: Marokko, Algerien und Tunesien. Es gipfelt auf 4.167 Metern über dem Meeresspiegel bei Jebel Toubkal in Marokko.

Das afrikanische Rift Valley teilt das Horn von Afrika in zwei Teile: Die afrikanische Platte im Westen entfernt sich von der somalischen Platte im Osten, bevor sie sich im Süden auf beiden Seiten teilt. andere aus Uganda. Der westliche Riss umfasst die Virunga- und Rwenzori-Berge sowie einige der großen afrikanischen Seen, in denen Wasser den tiefen Riss gefüllt hat.

6.5 Das Werk: Afrika

Dieses Wort tut auch weh den schwarzen Mann!

Denn jedes Werk aus den Werkstätten der Wesenhaften ist ein Meisterwerk in jeder Hinsicht! Denn hinter ihren kleinen magischen und wunderbaren Händen ist die allmächtige Hand des Willens Gottvaters.

Und der Wille Gottvaters in Person, der Gerechtigkeit ist, ist Imanuel, der Sohn Gottes, im Göttlichen und Parzival, der Menschensohn, im Geistigen! Und er ist der Schöpfergeist! Das Alpha und Omega! Das A und O!

Was Jesus betrifft, als der Sohn Gottes seiend, er ist die Liebe Gottvaters in Person!

Wie jede Bildung in der Schöpfung, die von Gott gewollt wird, durch die vier wissenden oder bildenden Tiere geht, findet dieser schaffende Akt in der Quadratur des Kreises nach den ewigen Gesetzen Gottvaters statt!

Und es ist nicht anders mit der Bildung der Erde, besonders von Afrika!

Schöpfung kommt aus der Wahrheit, deren Symbol das das gleichschenklige Kreuz ist! Und von diesem Kreuz kommen die vier Tierritter, die die Säulen für die Schöpfung und in der Schöpfung sind. Wir könnten hinzufügen, daß sie Säulen für alle Schöpfungen sind, die vom schaffenden Geist gemacht wurden, einschließlich unseres Universums, unseres Landes mit ihren vier Kontinenten, einschließlich Afrika!

Da die Quadratur des Kreises einen Dreiklang mit dem Kreuz bildet, insbesondere die folgenden Formen, das Quadrat, den Kreis und das Kreuz, werden wir die quadratische Form nehmen, um einen genaueren Blick auf diese Kontinentformation sowohl physisch als auch geistig zu sehen!

Das Quadrat hat vier Seiten, die von den Strahlungen dieser Tiere besetzt sind!

Und lasst uns die Positionen von vier Kontinenten sehen, die immer im Osten anfangen. Zuerst haben wir Asien im Osten mit dem rechten Zweig vor Euch, in einer senkrechten Position; dann in einer horizontalen Position, der Zweig unten ist Afrika; danach in einer vertikalen Position der dritte Zweig ist Amerika und schließlich Europa, ist es in einer horizontalen Position, der vierte Zweig!

Und nun schaut Ihr auf die Erdenkarte mit ihren vier Kontinenten, Ihr werdet schnell sehen, da Europa, im Gegensatz zu drei anderen

Kontinenten, darunter Amerika und Afrika und Asien, hat kein Südpol ...
Und als solches passt es in seine Position im Kreuz des Grals!

All dies ist kein Zufall ... denn die wahren Wissenschaften und die wahren religiösen Lehren sind aus der Wahrheit abgeleitet, die das Wort ist und Gott ist!

Was die Kreisform betrifft, handelt es sich einfach um die Bewegung des Quadrats!

Und zusätzlich zu der Dreiheit, könnt Ihr das Segment oder Vektor-Form oder Zweig hinzufügen, um die Quadratur zu bilden!

So ist die Quadratur das Kreuz, das Quadrat, der Kreis und der Zweig!

Nach der Bewegung im Heiligen Gral spaltet sich das Kreuz des Grals in zwei Elemente, das Positive und das Negative. Für alles, was geschaffen wird!

Infolgedessen badet die Erde, insbesondere Afrika, in den Strahlungen von vier Tieren, besonders von Löwen! Eines der vier Tiere!

Wie auf einigen Kunstmalereien erwähnt...

KAPITEL VII

DIE VÖLKER DES SCHWARZEN MANNES

7.1 Die Völker des schwarzen Mannes

Es sollte betont werden, daß der Titel "die Völker des schwarzen Mannes" ist und nicht "die schwarzen Völker"!

Denn hier handelt es sich um ein geistiges Wissen und nicht ein irdisches Wissen und noch weniger ein Verstandeswissen!

Der Unterschied zwischen irdischem Wissen und Verstandeswissen liegt in der Liebe! Ein irdisches Wissen ist ein geplantes und gewolltes Gotteswissen, welches wird von den Berufeneren des Lichts, Gottes, um der Menschheit zu helfen und zu fördern! Hingegen, als die Sünde kam auf die Erde und folglich entwickelte der Mensch durch das erste Tier das zweite Tier!

Dieses Tier ist der Verstand! Das Produkt des verkrüppelten Gehirns des Menschen!

Und das Produkt dieses kranken Gehirns kann nur Krankheiten, Leiden und Katastrophen verursachen!

Jeder kann im Alltag unterscheiden, was ein irdisches Wissen, das von Gott gewollt wird und was ist ein Verstandeswissen, das vom Bösen gewollt wird!

Oh nein, es ist nicht schwer zu wissen; vorausgesetzt, daß ein Erwachsener sich nicht auf seinen Verstand verlässt, sondern nur durch seinen gesunden Menschenverstand (Sinn) geleitet wird, das heißt, wenn er immer ein Kind der Natur oder Schöpfung bleibt! Denn jedes Erdenkind, das die Kindlichkeit in sich selbst behält, wird es leicht wissen!

Ein weiteres Anzeichen dafür ist, daß das irdische Wissen von den Berufeneren des Lichts gelehrt wird und die Verstandsmenschen haben dieses Wissen von den Berufeneren gelernt und sie Ihre Stufe gesenkt haben, um ein Pseudowissen zu vermitteln, das weit von der Wahrheit entfernt ist !

Auch dieses verwandelte Wissen ist zum Feind des wahren wissen geworden: die Wahrheit!

Der schwarze Mann ist berufen, dieses Wissen zu besitzen, denn er ist auch ein Berufener!

So der Begriff "Völker des schwarzen Mannes" bedeutet nicht den Sinn " schwarze Völker», wie die Menschen oft es hören!

Denn in diesen Worten gibt es Vorstellungen von Kriegen zwischen den Völkern, die mit ihnen verbunden sind! Mit all den Übeln, die damit hervorbringen!

Aber der Begriff, den ich hier verwende, steht im Zusammenhang mit dem Begriff des "Friedens"! Frieden zwischen Rassen, Völkern und Menschen! Mit all dem Glück, das nach sich zieht!

Es ist mein einziges Bestreben!

Und ich erfülle den Willen Gottes! Gottvater, Gottsohn Jesus und Gottheiligegeist Imanuel!

Als Sein Werkzeug seiend, ich bin ich in dem Licht und der Kraft von Imanuel!

7.2 Die Menschen in Afrika südlich der Sahara

Die Menschen in Afrika südlich der Sahara sind die sogenannten "schwarzen" Menschen, aber sie sind physisch nicht so schwarz, wie das Wort zu betonen scheint.

Diese Völker haben sich am Anfang nie als solche identifiziert.
Aber es wurde möglich mit der sogenannten Entdeckung Afrikas im Mittelalter, als andere es so nannten!

Andere benutzten das Wort "Neger" in seinem geradezu abfälligen Sinne und erniedrigten es als Beleidigung. Dies ist der Grund, warum das Konzept des farbigen Mannes Wurzeln schlug, um den Begriff "Neger" zu ersetzen.

Vor der Entdeckung Afrikas hatten diese Völker ihre Zivilisationen, ihre Städte, ihre Dörfer mit allem, was dazu gehört!

Sicherlich gab es einige weniger entwickelte oder geistige rückläufige Bevölkerungsgruppen wie auf anderen Kontinenten, insbesondere in Europa!

Aber da die Gewinner Geschichte schreiben, ist es selbstverständlich, daß dieser Zustand dem Schwarzen bisher wie ein Etikett, eine Werbetafel und ein Personalausweis geblieben ist.

7.3 Die Völker Afrikas Maghreb

Die Völker des afrikanischen Maghreb sind auch nicht die sogenannten "schwarzen" Völker, obwohl sie von anderen immer noch als Völker der Farbe bezeichnet werden.

Diese Völker identifizierten sich zu Beginn nie als Fremde für andere Völker des Südens, insbesondere für Schwarze. Da sie seit Anbeginn der Zeit zusammen im selben Raum gelebt haben, vor allem auf afrikanischem Boden.

Aber es wurde möglich, als insbesondere die Siedler es so nannten!

Andere benutzten das Wort "Barbar" in seinem geradezu abfälligen Sinne. Aus diesem Grund, schlug der Begriff des farbigen Mannes Wurzeln, um den Begriff "Barbar" zu ersetzen.

Vor der Entdeckung Afrikas hatten diese Völker ihre Zivilisationen, ihre Städte, ihre Dörfer mit allem, was dazu gehört!

Sicherlich gab es auch hier einige weniger entwickelte oder geistige rückläufige Bevölkerungsgruppen, aber das ändert nichts daran, daß ihre alten Zivilisationen die Schultern mit den anderen Zivilisationen vergangener Zeiten von anderswo gerieben hatten!

7.4 Die Völker Südafrikas

Hier geht es um der Weiße und der Gelbe, das heißt die Männer einer anderen Rasse, die sich als den Schwarzen betrachten, weil sie sich afrikanisch fühlen und de facto afrikanisch sind. !

Historisch gesehen beweist dieser Fall, daß die Begriffe der Rasse, die zu ihrem wahren Wert berücksichtigt wurden, niemals undurchdringliche Wände waren, sondern Wände, deren Türen unter genau definierten Bedingungen gemäß den Naturgesetzen der Schöpfung zugänglich sind, daher die Gesetze von Gott in der Schöpfung!

Aus diesem Grund steht die Liebe über allem... weil Liebe eine der Bedingungen ist!

Obwohl in Südafrika die Eingeborenen dieses Bodens die sogenannten „schwarzen" Völker sind, haben diese Einwanderer oder von anderswo auch gelernt, den Boden zu lieben, ihre Böden, aber wenn sie noch Völker der Farbe sind. , aber sie sind nicht so schwarz, wie das Wort vermuten lässt.

Diese Völker identifizierten sich zu Beginn nie als Fremde für andere Völker Südafrikas, insbesondere für Schwarze. Da sie seit langer

Zeit zusammen im selben Raum leben, besonders auf afrikanischem Boden, im selben Land!

Dies wurde jedoch während seiner sogenannten Landentdeckung, missbräuchlichen Ausbeutung, Apartheid möglich ... daher die Kriege!

Andere benutzten das Wort "Apartheid" in seinem geradezu bedrückenden, einseitigen und daher missbräuchlichen Sinne. Dies ist der Grund, warum der Begriff des farbigen Mannes Wurzeln schlug, um den Begriff "Apartheid" zu ersetzen.

Vor der Entdeckung des südlichen Afrikas hatten diese Völker ihre Zivilisationen, ihre Städte, ihre Dörfer mit allem, was dazu gehört!

Sicherlich gab es Bevölkerungsgruppen, die technisch weniger reich waren als die Eroberer, aber diese Tatsachen sind im Laufe der Jahrhunderte auf der ganzen Welt aufgetreten, auch in Europa!

7.5 Die Völker Nordamerikas

Die Schwarzen in Nordamerika setzen sich aus den Menschen in Afrika südlich der Sahara zusammen, den sogenannten "Schwarzen". Diese früh deportierten und ausgebeuteten Völker identifizierten sich von Anfang an nie als Sklaven. Das heißt, ein Mann ohne zu wollen, ohne Namen, ohne Boden!

Aber es wurde möglich, als die Gehirne dieser Männer von Lügen weggespült wurden, besonders von Karotten und Brutalität, besonders von Peitschen! Aber es dauerte einen sehr langen Kampf, einen Kampf von zehn, wenn nicht Hunderten von Jahren, bis die sogenannten Besitzer dieser "Sklaven" den Begriff der Unterwerfung in ihren Köpfen einflößten...

Nur das Gehirn des Täters und des Opfers kann sich Sklaverei vorstellen und nicht ihre tatsächlichen Seelen, geschweige denn der Geist!

Weil Sklaverei überhaupt nicht natürlich ist...

Andere benutzten das Wort "Neger" als Beleidigung. Aus diesem Grund hat der Begriff des Afroamerikaners Wurzeln geschlagen, um den Begriff "schwarz" zu ersetzen.

Aber wir kennen die Geschichte des Schwarzen in Nordamerika gut, besonders in den USA.

Aber der "Schwarze" ist hier auf Erden wunderschön! Und jeder gesunde Menschenverstand jeder Rasse und Herkunft kann es nicht leugnen!

Der "Schwarze" hat seinen Platz in der Schöpfung Gottes, der das Universum ist! Und alle Seelen des guten Willens, des guten Herzens und aller Religionen können es auch nicht leugnen!

Der „Schwarze" ist von Gott, dem Licht, vorgesehen und gewollt!

7.6 Die Völker Südamerikas

Die Schwarzen in Südamerika setzen sich auch aus den Menschen in Afrika südlich der Sahara zusammen, den sogenannten "Schwarzen", wie die Schwarzen in Nordamerika!

Es versteht sich von selbst, daß diese schwarzen Menschen in Südamerika gegen die Sklaverei kämpfen mussten, weil es vom Licht nicht gewollt wird, Gott!

Vor ihrer Deportation aus Afrika hatten diese Völker im Laufe der Jahrhunderte eine natürliche Würde erlangt ... die mit dem Willen Gottes einhergeht.

Der Unterschied zwischen Nord- und Südamerika liegt jedoch in der Religion, die auf dem betreffenden Boden praktiziert wird!

Mit der Zeit werden wir schnell verstehen, daß Religion wirklich mit dem Unterbewusstsein zu tun hat und daß dies den Alltag jedes von Gott geschaffenen Menschen beeinflusst...

In Nordamerika war und ist die "protestantische" Religion die vorherrschende Religion, da dieser Boden größtenteils von den Briten besiedelt wurde ... Natürlich ohne die Franzosen und Holländer zu vergessen...

Und in Südamerika war und ist die "katholische" Religion die dominierende Religion, weil dieser Boden größtenteils von den Spaniern besiedelt wurde... Natürlich ohne die Portugiesen zu vergessen, besonders in Brasilien.

Aber wir kennen die Geschichte des Schwarzen in Südamerika, besonders in Brasilien, gut.

Versucht, die Schwarzen in den USA und die Schwarzen in Brasilien klar zu vergleichen. Ihr werdet eine Menge Dinge sowohl im irdischen als auch im geistigen Wissen lernen, um die Wahrheit Gottes zu erkennen, die sein Wort hier auf Erden ist!

7.7 Die Völker der Antillen und der Inseln

Der Unterschied liegt in der Tatsache, daß die anderen auf dem Kontinent sind! Und auf diesem amerikanischen Kontinent waren der Weiße und der Schwarze dort nie heimisch, weil es der Boden des Roten ist!

Was hier gesagt wird, ist natürlich aus irdischer Sicht!

Hier vermischen sich Geschichte und Geographie! Im Laufe der Zeit werden so viele Faktoren und Indikatoren aufgelistet, daß der Mensch seinen Weg in das von Gott verheißene Land finden kann.

Das Volk des schwarzen Mann in Westindien folgte dem gleichen Weg wie die Völker des schwarzen Mann in Nordamerika und Südamerika, da diese Inseln in der Nähe von Nordamerika bzw. Südamerika liegen.

Was die anderen Inseln betrifft, insbesondere die Pazifikinseln, ist der Schwarze dort im Allgemeinen heimisch!

In diesem Fall geht es nicht mehr um den Import oder Export des Schwarzen, sondern um die Kolonialisierung...

Und wir kennen die Geschichte dieser Inselvölker gut.

7.8 Die Völker Asiens

Asien ist nicht der einzige Boden des Gelben Mannes.

Weil der Schwarze auch auf asiatischem Boden heimisch ist!

Ein kleiner Einblick in die Geschichte und Geographie Asiens wird uns schnell beweisen, daß der schwarzhäutige Mann seit Anbeginn der Zeit immer in Äquatorialasien und auch in Australien gelebt hat, insbesondere in den Aborigines!

Natürlich geht es hier nicht um die Volkszählung, sondern um die natürliche Beobachtung, die bei vielen zu einem tiefen Bewusstsein für eine neue Emanzipation eines wahren geistigen Menschen führen könnte... ohne nach der Hautfarbe zu urteilen , aber auf den Werten von Gut oder Böse, Wärme, die vom Herzen kommt, oder Kälte, die vom Verstand kommt!

7.9 Die Diaspora

Hier geht es um Einwanderungsprobleme!

Der Einwanderer war schon immer der Sündenbock für alle Probleme! Einwanderer waren jedoch immer ein wichtiger Beitrag, wie die Geschichte überall in allen großen Zivilisationen zeigt! In diesem Fall gab es immer einen gegenseitigen Austausch. Auch auf Kosten des Blutes für gerechte und universelle Zwecke!

Schwarze Männer wandern aufgrund einer Vielzahl von Problemen ab, einschließlich wirtschaftlicher, religiöser, politischer und sozialer Probleme.

Nach der Unabhängigkeit waren und sind die sogenannten Volkswirtschaften der Dritten Welt von den großen Volkswirtschaften des Westens abhängig. Trotz einiger Forderungen wanderten viele junge Menschen für einen besseren Lebensstandard aus...

Aber es kommt auf die Definition des Lebensstandards an.

Nach der Unabhängigkeit wurden und werden die sogenannten Religionen der Dritten Welt von den großen Religionen des Monotheismus beeinflusst. Trotz einiger Behauptungen haben viele junge Leute sie umarmt, um einen besseren Glauben zu haben ...

Aber es kommt auf die Definition des fraglichen Glaubens an.

In gleicher Weise war und ist die Politik dieser Länder von der Politik des Westens abhängig. Trotz einiger Behauptungen interessierten sich viele junge Menschen für die Politik ihres Landes für eine bessere Zukunft ...

Welche Zukunft will die neue Generation hier?

Und schließlich waren und sind die sogenannten Gesellschaften der Dritten Welt nach der Unabhängigkeit von westlichen

Gesellschaftsmodellen abhängig. Trotz einiger Nachahmungen stehen viele junge Menschen am Scheideweg...

Aber es kommt darauf an, welches Gesellschaftsmodell der Schwarze will.

Aber lange vor der Unabhängigkeit, also während der Kolonialisierung, gibt es zwei Konzepte, die von jedem Einzelnen genau definiert werden müssen!

Der von den Briten, den Protestanten, vertretene Begriff der Integration. Und wir sind zurück zum Problem der Religion!

Und der von den Franzosen, den Katholiken, vertretene Begriff der Assimilation!

Aber über diesen Vorstellungen steht die Liebe!

Denn wenn ein Einwanderer gelernt hat, den Boden zu lieben, auf dem er lebt, werden seine Taten oder Werke dank dieser von Gott vorgesehenen und gewollten Liebe für die einladenden Menschen von Vorteil sein! Und auch der betroffene Boden!

Bei der Liebe ist der Geist maßgebend!

Und das Problem der Generationen, des Wurzelverlusts und des Verlusts von Wahrzeichen wird schnell gelöst!

Aber nur mit dem Geist des Menschen! Aber nicht mit der Seele des Menschen! Und noch weniger mit seinem Körper, besonders mit dem Gehirn!

7.10 Die Völker und der Gral

Die Völker des Grals gehören dem wahren Volk Gottes, dem Licht, so wird das Gralsvolk bald einen neuen Begriff im geistigen Sinne sein! Denn ein neuer Begriff hat begonnen, namentlich die Gralswelt!

Sicherlich haben schon verschiedene Leute vom Gral gesprochen, aber sie wurden niemals Volk des Grals genannt!

Natürlich auf der Erde gab es entweder "gewählte", "Berufene" oder "auserwählte " Völker!

Aber all diese Begriffe haben nichts mit dem Gralsvolk zu tun, welches das Volk Gottes, des Herrn ist, auf dem Gipfel der ganzen Schöpfung Gottes!

Aber hier geht es um den Begriff von den "Völkern" des Grals im Plural, Individuen von verschiedenen Völkern, die das ewige Leben durch eine neue Welt, die Welt des Grals, anstreben!

Die von Gott verheiße Welt, mit dem tausendjährigen Reich auf Erden!

Der schwarze Mann wird ein Teil des Volkes des Grals sein, weil diese Leute ein Teil des Volkes des Herrn sein werden, das Volk Gottes!

Und Gott, der Heilige Geist weiß, sein Volk zu beschützen...

Denn die wahre Gralswelt vereint die göttliche und die geistige Welt durch die Gegenwart Gottes, des Heiligen Geistes!

Wer das verstanden hat, der wird dem Licht für den neuen Bund versiegelt sein ... die heilige Gral-Kraft zu empfangen, die ewige Güte Gottvaters, für seine ganze Schöpfung!

KAPITEL VIII

DIE SPRACHEN DES SCHWARZEN MANNES

8.1 Die Sprachen des schwarzen Mannes

Es sollte angemerkt werden, daß der Titel tatsächlich "die Sprachen des schwarzen Mannes" und nicht "die Sprachen der Schwarzen " ist! Und noch weniger die " schwarzen " Sprachen.

Ihr könnt es fühlen, indem Ihr die obigen Ausdrücke vergleichet, Ihr werdet schnell die Feinheit, den Unterschied ergreifen!

Wie von Jesus, dem Licht versprochen, hat Abd-ru-shin, das Licht über die ganze Wahrheit in allen Bereichen des alltäglichen Lebens gesprochen, namentlich das Geheimnis der Sprache in seiner Gralsbotschaft!

Sicherlich gehört die Sprache zum Gebiet der Grobstofflichkeit, aber sie ist feiner; aus diesem Grund hat sie eine Wirkung auf die Ebene der Grobstofflichkeit, gemeinhin als die astrale Ebene genannt!

Abd-ru-shin das Licht spricht davon in diesen Worten:

"Gedanken, Worte und die äußerliche Tat gehören allesamt ins Reich der Grobstofflichkeit dieser Schöpfung!

Die Gedanken wirken in der *feinen* Grobstofflichkeit, Worte in der *mittleren*, und die äußeren Handlungen formen sich in der *gröbsten,*also *dichtesten* Grobstofflichkeit. *Grobstofflich* sind diese drei Arten Eures Tuns!»

Gralsbotschaft, Band 1, Vortrag 12« Der erste Schritt »

Jesus, das Licht spricht davon in diesen Worten:

"Eure Rede sei Ja oder Nein; denn was darüber ist, das ist vom Übel!»

Zum Beispiel könnten wir die Sprache mit der Rasse vergleichen, das heißt mit der Farbe der Haut, die zu der Ebene der gröbsten

Grobstofflichkeit gehörend, könnten wir zunächst sagen, daß die Rasse und die Sprache des schwarzen Mannes können und sind durch die irdischen Worte gut definiert, denn die beiden Bilder, die aus diesen Definitionen hervorgehen, sind klar und deutlich, also ohne Verwirrung.

Laßt uns dann diese beiden Ausdrücke, die Rasse der Schwarzen und die Sprache der Schwarzen vergleichen, sehen wir bald, daß es ein Problem mit dem zweiten Ausdruck gibt; Letzteres gibt uns ein vages Bild, weil es unzulänglich ist, weil die Sprache feiner und leichter ist und der Mensch kann es nicht einfach mit seinem Verstand, das heißt mit seinem Verstandeswissen, klassifizieren!

Hingegen gibt uns die Rasse des schwarzen Mannes wieder ein klares und verständliches Bild und bis zu einer gewissen Stufe...

Schließlich laßt uns diese letzten beiden Ausdrücke, die „schwarze" Sprache und die „schwarze" Rasse studieren, die schwarze Sprache geht überhaupt nicht, weil der Mensch es nicht vorstellen kann, und es sollte das gleiche mit dem Begriff einer schwarzen Rasse sein, wenn die rassistischen Männer die Leute der abscheulichen und negativen Vorstellungen nicht absichtlich eingeschärft hätten!

Denn es gibt einen Unterschied zwischen der " schwarzen " Rasse und der Rasse der Schwarzen, denn die Rasse ist ein Geschenk der Natur, also von Gott, dem Licht vorausgesehen und gewollt; aber nicht zwischen Rassen und Menschen zu unterscheiden; als ob die letzteren Gegenstände ohne die Möglichkeit des Bewegens, Sprechens oder Fühlens hätten.

Als Menschengeist seiend, hat der Mensch ein Ego! Was die Tiere nicht besitzen als solche!

Aus diesem Grund hat der Ausdruck " schwarze Rasse" den Naturgesetzen entsprechend keine Rechtfertigung in der Schöpfung als solche, denn der Mensch, der ein Geist ist, kann nicht in einer "toten"

Probe katalogisiert werden! Hier bedeutet eine tote Probe eine Probe von Materie, weil Materie kein Leben an sich hat!

Aber auf der anderen Seite die Rasse der Schwarzen, ja in dem Sinne, daß es die Rasse der "Ego" bedeutet, die Rasse der Menschen, denn dies gibt den Begriff eines lebendigen Katalogs, das heißt, Egos, oder Schwarze variieren von einer Person zur anderen, von der schwarzen Haut, also klar, zu dunkel, sogar Mestize bis zu Albinos ...

Versucht, ein wenig zu denken, indem Ihr auf den Ergebnissen der Dermatologen richtet, sonst können wir sagen, daß die Albinos weiß sind!

Infolgedessen und mit Klarheit ist der Mensch allmählich von den Begriffen von Nationen, Völkern, gewöhnlichen Bürgern, zur Idee eines Mannes der Farbe und eines Mannes ohne Farbe gekommen!

Aber in Wirklichkeit ist der Mensch ohne Hautfarbe, aber er kann seinem geistigen Wirken entsprechend verschiedene Farben der Materie tragen!

In der Tradition ist die allgemeine Schätzung der Zahl der Sprachen des schwarzen Mannes etwa eintausend, aber es ist zugegeben, daß Sprachen von einer gewissen Bedeutung viel weniger zahlreich sind, und viele sind in der Tat dialektale Varianten.

Das Ziel ist es nicht, diese Sprachen zu beleuchten, denn wir werden es später mit dem Gralswissen tun, damit jeder in seiner Sprache schwingen und nicht nur mit seinem Verstand sprechen kann, denn die Sprache ist ein Geschenk von Gott!

8.2 Seine Sprachen in Afrika südlich der Sahara

In dieser Region gab es einen Sprachkonflikt!

Es sei darauf hingewiesen, daß dieser Konflikt erst nach Invasionen, Kriegen entstand!

Damit meine ich nicht nur die Invasionen der Europäer und Araber in den Sklavenhandel, sondern auch die Bruderkriege zwischen den Clans!

Die Sprachen der Menschen in Afrika südlich der Sahara sind die sogenannten "schwachen" Sprachen, obwohl sie nach dem Konzept der Männer schwach sein könnten; aber diese Schwäche würde von seinen Feinden betont werden. Aber in Wirklichkeit, das heißt, nach dem Willen Gottes, kann von einem solchen Urteil keine Rede sein, sondern von der Evolution; denn diese Sprachen sind nach den Gesetzen Gottes in der Schöpfung keineswegs schwach!

Wie alle anderen Sprachen der Welt haben Sprachen in Afrika südlich der Sahara eine klar definierte Wurzel und Struktur mit grammatikalischen Regeln und ziemlich reichen und vielfältigen Vokabeln, die für jedes Volk geeignet sind, weil jede Sprache ein Geschenk Gottes ist!

Darüber hinaus wird ein Mann mit Empfindung, unabhängig von seiner Rasse und Herkunft und noch weniger seiner Ausbildung, in seinem Herzen das Gefühl haben, daß all diese Sprachen im weitesten Sinne des Wortes tatsächlich menschlich und lebendig sind.

Nach göttlichen Gesetzen entwickelten sich diese Sprachen zu Beginn auf natürliche Weise, wie Linguisten hervorheben, und daher der Begriff der Muttersprache! Weil die Sprache ein Geschenk des Lichts ist!

Die Menschen in Afrika südlich der Sahara sind die sogenannten "schwarzen" Menschen, aber sie sind physisch nicht so schwarz, wie das Wort vermuten lässt, geschweige denn ihre Sprachen.

Diese Sprachen haben sich am Anfang nie als "indigen" identifiziert.

Dies wurde jedoch während der sogenannten Entdeckung im Mittelalter möglich, als andere sie so nannten!

Andere benutzten das Wort "Eingeborener" im Sinne von Minderwertigkeit. Aus diesem Grund schlug der Begriff des farbigen Mannes Wurzeln, um den Begriff "lokal oder regional" zu ersetzen.

Vor der Entdeckung Afrikas hatten diese Völker ihre Sprachen, ihre Dialekte!

Sicherlich gab es einige Sprachen, die vom Bewegungsgesetz weniger entwickelt oder sogar geistig herabgestuft wurden, aber dies ist die Geschichte der Sprachen auf allen Kontinenten, zum Beispiel in Europa!

Diese Tatsache ist dem Schwarzen bis heute wie ein Etikett geblieben, insbesondere der Mangel an Schrift; aber mit den Übersetzungen von heiligen Büchern, insbesondere der Bibel, sehen wir, daß diese Sprachen des Schwarzen wie alle Sprachen sehr lebendig sind und wir werden später in ihrem geistigen Aspekt darauf zurückkommen!

Aber um die Wahrheit zu sagen, anstatt den Mangel an Schrift zu sagen, wäre es klug zu sagen, daß diese Sprachen in der Vergangenheit nur wenig geschrieben wurden. Es versteht sich von selbst, daß dieser Zustand bis dahin bestehen geblieben ist. Heute hing er wie ein Zeichen in der Sprache des Schwarzen von Afrika südlich der Sahara!

Linguisten haben die Sprachen dieser Region in zwei große Kategorien eingeteilt: niger-kongolesische Sprachen und afroasiatische Sprachen.

Niger-Kongolese-Sprachen: Es ist leicht, Regionen zu finden, in denen Gruppen dieser Sprachen gesprochen werden. Es gibt ostatlantische Sprachen und westatlantische Sprachen!

Afroasiatische Sprachen: Sie werden in Afrika südlich der Sahara gesprochen: im Tschad, im Sudan, im Niger, im Norden Kameruns, in der Zentralafrikanischen Republik, in Ghana, in Kenia, in Äthiopien und in Tansania. Dazu gehören die Sprachen Ik, Maasai, Nilotic, Nubian und Songhai.

8.3 Seine Sprachen in Afrika Maghreb

Wie in der Region südlich der Sahara gab es auch in dieser Region Sprachkonflikte aufgrund von Invasionen und Kriegen!

Versucht nicht zu verstehen, was hier gezeigt wird mit Ihrem Gehirn, dem Werkzeug des Verstandes, sondern vor allem mit der Empfindung, also dem Werkzeug des Geistes oder der Seele!

Die Sprachen der Menschen in Afrika Maghreb sind die sogenannten "schwachen" Sprachen, aber auf diese Schwäche würden ihre Feinde hinweisen.

Wie alle anderen Sprachen der Welt haben die Sprachen in Afrika Maghreb eine Wurzel und werden an jedes Volk angepasst!

Diese Sprachen sind also lebende Sprachen, weil sie von lebenden Menschen gesprochen werden. Weil die Sprache ein Geschenk des Lichts ist!

Diese Sprachen identifizierten sich am Anfang nicht als einheimisch, sondern als natürlich.

Vor der Invasion des Islam hatten diese Menschen ihre Sprachen, ihre Dialekte!

Natürlich sind die Dialekte nicht zu überschätzen, wie uns das Licht Abd-ru-shin gelehrt hat! Weil es göttliche Gesetze sind, die die von Menschen gesprochenen Sprachen prägen, und nicht der menschliche Wille ... Dialekte sind jedoch das Ergebnis menschlichen Willens.

Linguisten haben die Sprachen dieser Region in zwei große Kategorien eingeteilt: Nilo-Sahara-Sprachen und afroasiatische Sprachen.

Nilo-Sahara-Sprachen: und wie die Bezeichnungen zeigen, handelt es sich um Sprachgruppen, die in den Regionen des Nils und in den Regionen der Sahara gesprochen werden.

Da die Wörter sie ganz einfach bezeichnen, werden afroasiatische Sprachen in afrikanischen Regionen gesprochen, die in der Nähe von Asien liegen, insbesondere im Maghreb.

Afroasiatische Sprachen, früher auch als Chamito-Semitisch bekannt, werden in Nord- und Sahara-Afrika sowie im Nahen Osten und im Nahen Osten gesprochen. Dazu gehören insbesondere semitische Sprachen, altägyptische, berberische Sprachen, kuschitische Sprachen, osmotische Sprachen und tschadische Sprachen.

Aber laßt uns ein wenig über Berbersprachen sprechen!

Die Berbersprachen, deren lokaler Name Tamazight ist, sind eine Reihe von Dialekten oder Sprachen, die eine Gruppe von chamito-semitischen Sprachen bilden, die vom "alten Berber" abgeleitet sind. Sie sind von Marokko bis Ägypten präsent und reisen durch Algerien, Tunesien, Mali, Niger und Libyen. Es gibt ungefähr dreißig Sorten.

Berber oder Tamazight haben ein eigenes Schriftsystem, das die Tuareg beibehalten haben: das Tifinagh.

Es gibt keine offiziellen Zahlen zur Anzahl der Berber-Sprecher, aber die Anzahl der Sprecher wird auf über 45 Millionen geschätzt.

Wie Ihr bemerkt, hatten sie einmal ihre eigene Handschrift!

8.4 Seine Sprachen in Südafrika

Hier geht es um den weißen und den gelben Mann, die sich als schwarzen Mann sehen, weil sie sich afrikanisch fühlen und deshalb Afrikaner sind!

Dieser Sachverhalt zeigt hier, daß die Vorstellungen von Sprachen, die zu ihrem wahren Wert genommen werden, feiner sind, als sich Linguisten vorstellen!

Natürlich sprechen sie von der Familie der Astralsprachen, aber sie sollten auch von der Familie der afro-europäischen Sprachen sprechen!

Denn die Europäer, die Afrikaner geworden sind, sprechen zwar ihre Herkunftssprachen, aber es gibt immer externe und vor allem interne Faktoren, die Sprachexperten oft nicht berücksichtigen, weil sie Sprachen beeinflussen!

Ich nenne hier nur ein kleines Detail, den Akzent...!

Und Ihr könnt weitere Beobachtungen hinzufügen, wenn Ihr möchtet!

Aus diesem Grund Sprachen sich entwickeln weiter, weil auch sie in der materiellen Schöpfung dem Willen Gottes unterliegen...

Linguisten haben die Sprachen dieser Region als südliche Sprachen klassifiziert.

Obwohl sie Teil der niger-kongolesischen Sprachen sind, weil die Völker des südlichen Afrikas sie sprechen, könnten wir sie so nennen, wenn man den geografischen Zustand des südlichen Afrikas mit seiner Wüste betrachtet, die ein Hindernis für die kongolesische Region "Bantu" gestern darstellt und kein Staat!

Wie ein universelles Gesetz bezeichnen sich Männer als "Männer", also bedeutet Bantu einfach "Mann"!

Sie sind zum Beispiel die Khosain-Sprachen und die austronesischen Sprachen.

8.5 Seine Sprachen in Nordamerika

Die Schwarzen in Nordamerika setzen sich aus den Menschen in Afrika südlich der Sahara zusammen. Infolgedessen identifizierten sich diese früh deportierten Völker nie als Sklaven. Also ohne zu wollen, ohne Namen, ohne Boden! Und vor allem ohne Sprache!

Um besser von ihren sogenannten Meistern dominiert zu werden, muss man einen Trick finden!

Damit die Sklavenhändler Erfolg haben, ist glücklicherweise nicht jeder ein Sklave, man nutzte die Taktik der Trennung, um besser zu führen, aber um zu dominieren. Es war also notwendig, die Familien, die Kinder von den Eltern zu trennen ... Das heißt, verwendet man hier den Trick des Verstandes!

Diese Trennungstaktik hat eine gewisse Konnotation, insbesondere religiöse. Sagen wir hier einfach eine Konnotation "protestantisch" in großer Mehrheit!

Sicherlich hat der Schwarze in Nordamerika die Sprachen seiner Vorfahren verloren, aber vor allem hat er im Laufe der Zeit die auf seine Weise auferlegte Sprache gemeistert!

Daher ist der Schwarze nicht so "dumm oder albern", wie viele denken, wenn er klug ist; er wird so schlau sein wie die Männer anderer Rassen! Wenn er dumm ist, wird er dumm sein als die Männer der anderen Rassen dieser Erde!

Aber wir kennen die Sprachgeschichte des Schwarzen in Nordamerika, insbesondere in den Vereinigten Staaten.

8.6 Seine Sprachen in Südamerika

Der Unterschied zwischen Nord- und Südamerika liegt in der gesprochenen Sprache und insbesondere in der Trennungstaktik, die mit dem Unterbewusstsein zu tun hat!

Die Sprachen des Schwarzen in Südamerika sind dem gleichen Weg oder der gleichen Entwicklung gefolgt wie die Sprachen des Schwarzen in Nordamerika.

Die Schwarzen in Südamerika setzen sich aus den Menschen in Afrika südlich der Sahara zusammen. Infolgedessen identifizierten sich diese früh deportierten Völker nie als Sklaven. Also ohne Muttersprache!

Um besser von ihren sogenannten Meistern dominiert zu werden, musste ein Trick gefunden werden, die Trennungstaktik mit religiöser Konnotation. Sagen wir hier einfach eine Konnotation "katholisch" in großer Mehrheit!

Natürlich hat der Schwarze in Südamerika mehr oder weniger seine angestammten Sprachen verloren, aber vor allem hat er im Laufe der Zeit die auf seine Weise auferlegte Sprache gemeistert!

Aber wir kennen die Sprachgeschichte des Schwarzen in Südamerika, besonders in Brasilien.

8.7 Seine Sprachen auf den Antillen und den Inseln

Der Unterschied besteht darin, daß Sprachen auf Kontinenten dauerhafter oder lebensfähiger sind als Sprachen auf Inseln! Die Lebensdauer der betreffenden Sprachen hängt von den Männern ab, die sie gemäß den von Gott festgelegten ewigen Schöpfungsgesetzen praktizieren!

Und auf diesem Kontinent waren der Weiße und der Schwarze dort nie einheimisch, daher werden ihre Sprachen importiert!

Wenn Ihr wisset, was hier gesagt wird, könnt Ihr leicht verstehen, daß es eine Mischung aus Sprachen und Dialekten gab ... um zum Beispiel die Kreolen in Westindien zur Welt zu bringen.

Und auf den anderen Inseln können wir leicht verstehen, daß die Entwicklung der Sprachen dieser Inseln, insbesondere der friedlichen, stark durch den Kontakt anderer Sprachen beeinflusst wurde.

8.8 Seine Sprachen Asiens

Die Tatsache, daß der Schwarze auch auf asiatischem Boden heimisch ist, daher ist Asien nicht der einzige Boden des Gelben Mannes, zeigt, daß die Sprache des Schwarzen universell ist!

Diese Tatsache gibt einen kleinen Einblick in die Geschichte der Sprachen der gesamten Menschheit.

Die asiatischen Sprachen des Schwarzen sind sowohl grammatikalisch als auch im Wortschatz mit Redewendungen, Sprichwörtern usw. gut strukturiert.

8.9 Sprachen der Diaspora

Hier geht es um Einwanderungsprobleme!

Sprachen sollten in keiner Weise eine unüberwindbare Barriere darstellen! Im Gegenteil, wie die Rassen sollten sie auf die eine oder andere Weise im geistigen Sinne einen Beitrag leisten!

Leider fühlten sich diese frühen Einwanderer nicht als Fremde. Also ohne Heimat, ohne Wahrzeichen, ohne Religion! Und vor allem ohne Sprache!

Um besser verwaltet zu werden, nutzten die Behörden die Taktik der Integration oder Assimilation, um besser zu kontrollieren, aber hier eine bessere Überwachung ... Verwendet man wie üblich den Trick des Verstands!

An sich hat die Integrationstaktik eine gewisse religiöse Konnotation, insbesondere protestantische. Die Assimilationstaktik hat eine gewisse katholische Konnotation!

Wenn ich es hier erwähne, ist es kein Zufall, denn mit der Zeit werdet Ihr verstehen, daß es in der großen Schöpfung Gottes keinen Raum für Zufall gibt! Alles hat einen Ursprung, eine Ursache und eine Wirkung!

Natürlich hat der schwarze Mann, der auf einen anderen Kontinent eingewandert ist, nicht alle Orientierung verloren, insbesondere seine Muttersprache; vor allem aber wusste er, wie man die in der Schule oder bei der Arbeit gelernte Sprache im Laufe der Zeit beherrscht!

Daher kann sich der schwarze "Einwanderer" als erfahrungsreich betrachten, denn nach dem Sprichwort "die Reise macht den Mann"!

Aber wir kennen die Sprachgeschichte der schwarzen Männer auf der ganzen Welt gut, besonders in Europa.

8.10 Sprachen und der Gral

Die Sprache des Grals ist schon im geistigen Sinne ein neuer Begriff! Denn eine neue Ära hat begonnen, namentlich mit der Gralswelt!

Der schwarze Mann wird zum Gralsvolk gehören, weil dieses Volk die Sprache des Herrn, die Sprache Christi, die Sprache der Gralsbotschaft gelernt hat!

Und die Sprache von Gott-Heilige-Geist, ist in seiner Botschaft, in seinem Weltall, in seiner ganzen Schöpfung.

Und Gott spricht zu uns durch seine Sprache!

Denn die Sprache Gottes, die Sprache des Grals ist über die Sprachen dieser Erde, und vereint auch alle Sprachen und wird sie zum Blühen, zur Reinheit und zur Macht entwickeln!

Wer das verstanden hat, wird die Gralsbotschaft suchen, um die Sprache des Herrn zu lernen, um die Kraft des Heiligen Grals, die Quelle der ewigen Güte Gottvaters für all seine Schöpfung, zu empfangen!

KAPITEL IX

AFRIKA: DIE WIEGE DER MENSCHHEIT

9.1　Die Wiege der Menschheit

Die Tatsache, daß der afrikanische Boden die Wiege der Welt genannt wird, ist kein Zufall, denn die Menschen werden sich durch ihre Forschungs- und Beobachtungsarbeit bewusst werden!

So wird es eine Anerkennung infolge eines Bewusstseins sein; aber doch hat jedes Land seine Geheimnisse, daß der Mensch sie nur durch die Weisheit Gottes entdecken kann!

Seine Geheimnisse werden durch das Licht dank seiner Berufeneren!

Es versteht sich von selbst, daß die Berufener des Lichts durch irdisches Wissen, namentlich durch Entdeckungen und durch geistiges Wissen, namentlich Prophezeiungen geben.

Afrika, als ein Land seiend, wird diesen Ruf aufgrund der positiven Aktivität der Berufeneren dank ihrer positiven Aktivität von Forschung, Beobachtung und Empfindung wirklich erwerben!

Dieses irdische Wissen hat uns dazu gebracht, „Lucy" zu kennen! Und dank Lucy wurde Afrika von vielen als Wiege der Menschheit anerkannt!

Es ist jedoch falsch zu sagen, dass der erste Homo sapiens wahrscheinlich vom schwarzen Phänotyp war, denn nach Glogers Regel scheiden Lebewesen aus tropischen Breiten mehr Melanin in ihre Epidermis aus, um sich vor Sonnenstrahlung zu schützen. Dies gibt ihnen einen Teint mit den dunkelsten oder am wenigsten hellen Farbtönen.

Es ist auch falsch zu sagen, daß es seit Jahrtausenden keine Menschen auf der Erde gab außer "Negern", nirgendwo sonst auf der

Welt als in Afrika, wo die ältesten Knochen "moderner" Männer sind entdeckt sind über 150.000 Jahre alt; woanders sind die ältesten menschlichen Fossilien rund 100.000 Jahre alt.

Beobachtungen haben natürlich gezeigt, daß menschliche Fossilien umso älter sind, wenn sie in Afrika im Herzen Afrikas gefunden werden. Während sie umso jünger sind, als sie außerhalb und weit weg von Afrika sind. Nach Ansicht der Experten wurde noch keine Ausnahme von dieser Konsistenzregel der "Out of Africa" -Theorie gemacht, die nach wie vor die einzige ist, die ein so hohes Maß an Stabilität aufweist.

Der in Afrika geborene Mensch, also die Menschheit, experimentiert dort mit den ältesten kulturellen Techniken, bevor er den Planeten erobert, genau dank ihnen. Somit ist Afrika einer der Orte auf der Welt, an denen lithische Werkzeuge, Keramik, Sedentarisierung, Domestizierung, Landwirtschaft, Kochen usw. hergestellt werden, sind attestiert und insbesondere auf der Nabta Playa Seite.

Daher könnte man sagen, daß ein Mann jeder Rasse in Afrika geboren wurde!

Und am Anfang gab es keine Rasse, nur eine Primatenrasse! Weder schwarz noch rot, weder gelb noch weiß!

Infolgedessen kann jeder Mensch leicht beobachten, daß Afrika aufgrund seines Klimas und seiner Position und des Schutzes des ältesten menschlichen Fossils in seinem Boden die Quelle der Erde, die Leben auf dem Planeten erzeugt, wirklich die Wiege ist der Menschheit !

9.2 Afrika

9.2.1 Die Wurzel

Das Wort Wurzel erinnert uns an das Bild des Baumes!

Als eine Frucht der Natur, ist der irdische Körper, der aus Staub wie der Baum geformt ist, im Boden seiner Geburt verwurzelt!

Aber du darfst es nicht nur mit deinem Verstandesdenken verstehen, sondern versuch es, es geistig zu verstehen!

Hier ist geistig nicht mystisch oder religiös, sondern das Weiter-Sehen in deinen Beobachtungen, in deiner Kultur, in deiner Geschichte und in deinen Lieferungen!

Natürlich auch in deiner Religion, welchen Namen du dem letzteren gibst, denn vor deiner monotheistischen, jüdischen, christlichen oder muslimischen Religion bist du polytheistisch, sogar animistisch ... gewesen!

Es ist eine natürliche und geistige Entwicklung, die von Gott, dem Herrn gewollt wird, damit du Ihn erkennen und Ihm mit deinem Geist dienen kannst!

Um Gott, dem Herrn zu dienen, muß dein Körper verwurzelt sein!

Nicht in einem festen Ort wie ein Baum, sondern ein beweglicher Menschengeist, aber durch das gute Gefühl über sich selbst, wie die Menschen es gerne sagen!

Also in einem gesunden und wohlbehaltenen Körper!

Da der Körper des afrikanischen Mannes nicht mehr gesund und wohlbehalten ist, dann beginne deine Mission, im Geist zu leben, ohne deine Vergangenheit zu verleugnen, das heißt, deine Kulturen, deine Traditionen, deine Religionen und die Gegenwart zu leben durch die

Öffnung zu Kulturen, Traditionen und Religionen aus anderen Ländern, damit wählst du dich dein Schicksal...

Denn eine Sache, die der Heilige Geist, der Schöpfer in dir verwurzelt hat, ist der freie Wille!

Freier Wille ist nur dein Wille, Entscheidungen zu treffen, Auswähle zu treffen ... aber die Folge davon werden auf dich fallen!

Ob du es willst oder nicht!

So ist es durch deine Bewegung nach deinem Sein, deiner Haltung, daß du Gott in der Schöpfung dienst, indem du ein geistiger Strom deiner Natur bist!

Es ist nicht durch deine Religion, daß du Gott dienst, noch durch die Anzahl der Gebete, sondern durch einen positiven Strom, also einen Strom, der das Gute um dich und in deiner Heimatwelt in deiner Heimatregion sät.

Und das, was du gesät hast, wird von der ganzen Menschheit trotz des Ursprungs, des Geburtsortes, profitieren...

Abd-ru-shin das Licht hat darüber in seiner Gralsbotschaft reichlich erklärt!

Als ein guter Mann seiend, wirst du alles, was gut ist, von dem Schlechten in deiner Kultur, deiner Lieferung und deiner Religion leicht trennen.

Und du wirst den freien Willen eines jeden respektieren, besonders die freie Wahl der Frauen!

9.2.2 Das Afrika von Magrehb

Hier spreche ich über den Afrikaner aus Magrehb. Mit Magrehb meine ich den Boden, der sich über der Sahara des afrikanischen Bodens befindet!

Dieses Wort gibt den Ton an für das, was ich damit meine! Nordafrika wird manchmal als Weißafrika bezeichnet. Dieser Begriff widerspricht dem von "Schwarzafrika", das Afrika südlich der Sahara bezeichnet. Auch als "Europäisches Afrika" bezeichnet.

9.2.3 Zentralafrika

Hier möchte ich mit dem Schwarzen aus Zentralafrika sprechen. Mit Zentralafrika meine ich den Boden, der unter der Sahara des afrikanischen Bodens liegt!

Äquatorialafrika wird manchmal Schwarzafrika genannt. Dieser Begriff ist dem des "weißen Afrikas" entgegengesetzt.

9.2.4 Südliches Afrika

Hier möchte ich mit dem Schwarzen aus Zentralafrika sprechen. Mit Zentralafrika meine ich den Boden, der unter der Sahara des afrikanischen Bodens liegt!

Südafrika wird manchmal auch als Weißafrika bezeichnet. Dieser Begriff widerspricht dem von "Schwarzafrika", das Afrika südlich der Sahara bezeichnet. Es wird ethnisch genannt, auch "europäisches Afrika" wegen der "weißen" Minderheiten des "schwarzen" Afrikas: Afrikaans.

9.3 Afrikanischer Boden

Infolge der Sünde wird dir gesagt, daß dein Boden verflucht ist, aber mit der Ankunft Gottes, des Heiligen Geistes auf Erden, beginnt eine neue Ära für Afrika...

Und dein Boden wird nicht mehr verflucht sein!

Aber du mußt auch daran teilnehmen nach dem heiligsten Wille Gottvaters!

Du persönlich! Unabhängig von deiner Religion, deiner sozialen Position, deinem Geschlecht, deinem Rassen oder deinem Bildungsniveau, Analphabeten oder Gelehrten!

Damit Du dich deines Dienstes bewusst bist, auch wenn der minimal ist, aber dessen Wichtigkeit von größter Bedeutung ist, gebe ich dir dieses Bild:

Wie ich bereits erwähnt habe, ist die Ankunft von Gott-Heilige-Geist, dem Leben im Weltall eine sehr große kosmische Umwälzung und löst gleichzeitig die Bewegung aus, namentlich die Gralsbewegung!

Es gibt viel Analogie in der Natur, die wir verwenden können, um diese geistige Bewegung zu zeigen, aber bleiben wir mit dem fließenden Wasser!

Auf der Erde haben wir vor uns die Ozeane, die Meere, die Flüsse, die große Bäche und die kleine Bäche! Und wir wissen, daß die Ozeane größer und stärker sind als die Meere und so weiter...

Die Ozeane sind zum Beispiel die Königinnen und Könige des Grals! Die Meere sind wie Ritter! Flüsse sind wie Apostel, Propheten!

Große Bäche sind wie Jünger! Die kleinen Bäche sind wie die Kreuzträger! Und so weiter!

Aber erinnere dich, sogenannte letzte Glied, unterschätze nicht deine Mission, nicht deine Kraft oder nicht deinen Dienst!

Weil im Lichtdienst, jedermann gleich ist! Dem Gotteswillen entsprechend, aber nicht den Menschenvorstellungen nach.

Ein Mal noch, versuche nicht, dich anderen zu vergleichen, weil eben die Arbeit des Bösen, die versucht, deine Kraft zu blockieren, entweder, durch das Hochzuschätzen deine Mission, um deinen Willen zu verhängen oder durch das Unterschätzen deine Mission, um nichts zu machen!

Aber gehe deinen Weg mit dem Willen, das Maximum an deiner Fähigkeit geben wollen, dein Herz und deinen Körper hörend, dann wirst du auf dem guten Weg im Dienst des Lichtes sein!

Sieh den Fluß oder den Bach an und versuche, Wasser zu berühren, du fühlst die Kraft, die Strömung, weil Wasser in eine einzige Richtung zum Ozean fließt!

Stelle dich jetzt vor, daß ohne die kleinen Bäche, werden noch der Fluss und noch weniger die großen Bäche keine große Durchflussmenge haben, das heißt, die Stärke der Strömung ... Und dieser Strom des Flusses kann sogar vertrocknen...

Was du mit deinen physischen Augen sehen und fühlen, ist nur die Wiederholung der geistigen Geschehen der geistigen Welten, also unsichtbar für deine physischen Augen, aber für andere sichtbar mit den Augen ihrer Seelen! Sogar mit den Augen ihres Geistes!

So ist deine kleine gegenwärtige, sehr kleine Strömung für den Dienst Gottes auf Erden unentbehrlich!

9.4 Der Garten von Eden

Geistig gesprochen ist der Garten eine Welt für sich!

Außerdem, Jesus, das Licht sagte, daß im Reich seines Vaters gibt es viele Wohnungen!

Deshalb gibt es nicht nur einen Garten von Eden, der von den Gläubigen bis heute akzeptiert wird, aber es gibt viele im Reich Gottes!

Da gibt es viele Berufene nur wenige Auserwählte, das gleiche gilt mit den Gärten oder Ländern! Sowohl in der geistigen als auch in der irdischen Welt!

Darum ist der Boden des Grals das auserwählte Land oder das verheißene Land!

Und der Begriff von "Ausgewählten Land" wird ein Echo in deiner Seele und dein Gewissen haben, wenn du deine innere Stimme in aller Einfachheit hörst!

Und im Laufe eurer geistigen Entwicklung wird sich den in der Bibel beschriebene Begriff des "ausgewählten Landes" nicht nur weltlich, sondern auch geistig entwickeln!

Denn das ausgewählte Land, welches die Lichtberufener in der Bibel, namentlich die Patriarchen sprechen, geht über dem Raum und Zeit hinaus!

Das bedeutet nicht nur den irdischen Raum, sondern auch die Erde, aber auch den geistigen Raum, das Paradies, besonders die himmlischen Gärten; und nicht nur die irdische Zeit, also die Vergangenheit, die Gegenwart und die Zukunft, sondern auch die geistige Zeit! Eine Zeit, die erstreckt sich bis in die Unendlichkeit!

Bis in die Ewigkeit!

"Dort tausend Jahre sind wie ein Tag!»

Und daher die Benennung von Abd-ru-shin, dem Licht: "die ewigen Gärten Gottvaters des freudigen Schaffens! "

Als Gott die Welten, die Gärten, die Ländereien erschuf und gab sie den Geistern als einen Aufenthaltsort; und dem Gesetz des Gebens und Empfangens entsprechend wird es von Menschengeistern erwartet, einen Teil der Erde, der von Gott gegeben wird, wiederherzustellen oder den Boden vorzubereiten, damit Gott, "Gott mit uns" mit ihnen sein kann ! Der ewige Bund!

Aus diesem Grund wird dieser Teil der Erde das Gralsland genannt!

Und auf jedem Gralsland muss dort ein Gralsgarten entstehen!

Diese Art von Garten heißt eine Gralswelt. Außerdem werden andere Gärten der Gralsgarten genannt!

In diesem Fall hat dieser Garten des Grals nichts mehr mit den Geistern als solchen zu tun, sondern nur mit dem Licht selbst! Denn du weiß jetzt, daß der Gral als solcher gleichzeitig mit dem Göttlichen und dem Geistigen zu tun hat, damit es keine Trennung der verschiedenen Welten Gottes geben wird!

Aber das Göttliche bedeutet hier vor allem die wissenden Tiere, besonders die Cherubim und die Urkönigin und das Gefolge der Königinnen, aber auch die Erzengel und die Ältesten, die ewigen göttlichen Wesen sind!

Was vereint die beiden Welten oder die Welten, so daß es keine Trennungen als solche gibt, ist die Kraft Gottes! Gottheiligegeist!

Gott der Heilige, ist der Schöpfer und Urheber der Schöpfung! Und er trägt den Namen Imanuel, was bedeutet "Gott mit uns! ". Und die sichtbare Form seiner Form ist die Taube! Die heilige Taube!

Er ist nicht nur der Schöpfer, sondern auch der ewige Mittler, der Geist der Wahrheit mit dem Namen Parzival, von dem Jesus, Gottsohn, oft hier auf Erden gesprochen hat! Der ewige Mittler! Und die sichtbare Form ihrer Form ist die Wahrheit mit gleichschenkligem Kreuz! Die heilige Wahrheit!

Es versteht sich von selbst, daß die Heilige Taube mit dem Heiligen Geist, dem Licht verbunden ist!

Und es versteht sich von selbst, daß für jeden Gläubigen, der ernsthaft denkt, daß die Heilige Taube tatsächlich mit Jesus verbunden ist!

Und folglich ist die Heilige Taube mit dem Heiligen Gral verbunden!

Wie Afrika ein irdischer Grund ist, hat der Garten von Eden, der in der Bibel beschrieben ist, nichts mit dem wahren Garten von Eden zu tun!

Ein Bild von einer geistigen und wesenhaften Welt, die für die Entwickelung der Menschengeistkeime bestimmt ist, die von den Berufeneren des Lichts in wohlbestimmten Zeiten gegeben wird!

Es versteht sich von selbst, daß der Garten in Eden ein von Gott geistiger Garten ist. Und es ist ein Geschenk Gottes für alle Menschen.

Und diese geistigen Gärten sind zahlreich, wie Jesus darauf hingewiesen hat, daß es viele Wohnungen im Haus seines Vaters gibt.

"Dann hat der Herr Gott einen Garten in Eden auf der Ostseite gepflanzt, und er setzte den Mann ein, den er gebildet hatte. Und der Herr Gott ließ alle Arten von Bäumen aus dem Boden wachsen, angenehm und gut zu essen, und der Baum des Lebens inmitten des Gartens und der Baum der Erkenntnis von Gut und Böse. Ein Fluß floss aus Eden, um den Garten zu wässern, und von dort trennte er sich in vier Arme. Der Name des ersten ist Pichon; Es ist dasjenige, das das ganze Land von Havila umgibt, wo man Gold von hervorragender Qualität sowie dem bdellium und dem Onyxstein findet. Der Name des zweiten Flusses ist Guihon; Es ist derjenige, der das ganze Land von

Kush umgibt. Der Name des dritten Flusses ist Hiddekel; Es ist das, was im Osten von Assyrien fließt. Der vierte Fluss ist der Euphrat. Der Herr Gott nahm den Mann und stellte ihn in den Garten Eden, um ihn zu pflegen und zu behalten. " 1. Mose 2: 8-17

Dieses Bild, das das Licht durch die Berufenen gegeben hat, wurde mit den irdischen Vorstellungen der Zeit während der Sendungen gemischt.

9.5 Die neue Prophezeiung Afrikas

Natürlich, solange Gott will, daß die Erde gewaschen und gereinigt wird, gibt es neues Eingreifen und das kann zu Prophezeiungen führen...

So ist eine Prophezeiung das Ergebnis eines von Gott gewollte und geplante Eingreifen!

So gibt es göttliches Eingreifen und menschliches Eingreifen!

Prophezeiungen, die mit den göttlichen Eingreifen zu tun haben, werden in Bezug auf die Prophezeiungen, die sich mit menschlichen Eingriffen befassen, die eigentlich keine Prophezeiungen sind, sind deutlich erkennbar, weil es dabei oft an der Macht des Lichts fehlt.

Ihr wisset mehr und mehr die Prophezeiung des Weißen Königs:

"Schau nach Afrika, wo ein schwarzer König gekrönt wird, der die Schwarzen zu seiner Befreiung führen wird"

Diese Prophezeiung wurde in den zwanziger Jahren offenbart, als sich das Heilige Licht in Person, im Fleisch und Blut, auf der Erde weilte!

Nach dem Heimgang des Lichts gab es eine neue Prophezeiung gegen Ende der siebziger Jahre in Afrika und bestätigt die anderen Prophezeiungen, die in diese Richtung gehen:

Ein Kreuzträger hat diese Vision gehabt: " Düsterheit überzieht unser Land, lagert auf ihm wie eine riesige schwarze Wolke. Ein Schwert senkt sich von oben herab. Es ist lichtstrahlend und durchdringt die Finsternis. Zugleich kommt eine Lichtgestalt herab, die das Schwert hält. Sie steht mit erhobenen Händen vor den Kreuzträgern. Es lösen sich von ihr Strahlenbündel und das Schwert gleicht einer Sonnenscheibe. Aus der Schale auf dem Altar quillt eine Lichtflut und ergießt sich über die Kreuzträger, deren weit geöffnete Seelen die geweihte Kraft empfangen. Überall, wo das Licht hinkommt, spaltet sich das Dunkel, das verschwindet. Der Sieg des Lichtes ist erfolgt. Die neue Andachtshalle ist im Lichte der Wahrheit und das Land mit ihm!"

Diese Prophezeiung wurde von der Person, die zu diesem Zweck gewählt wurde, bei einem Fest des Heiligen Grals in der Gegenwart eines Ehepaares von Apostels des Herrn auf afrikanischem Boden offenbart, von denen einer dem Herrn im Familiensinn nach menschlichen Vorstellungen nahe steht und in der Nähe der Königin des Grals im geistigen Sinne!

Wie ein Mal, in unserem vorigen Lesen erwähnt, muß man diese Prophezeiung unter ihrer geistigen und nicht irdischen Winkel sehen!

Also muß man diesen Abgesandter des Lichtes, des Gottes wie irgendeinen Ritter, auch wie irgendeinen Propheten und noch weniger irgendeinen Menschengeist nicht sehen; sondern wie ein einfacher aber doch wahrer Gottesdiener! Also wie ein König in den Tätigkeiten des Grals! Da gibt es auch Königinnen des Grals!

Aber über ihnen steht der wahre König des Grals, das Licht, der Menschensohn! Gottheiligegeist! Imanuel-Parzival! Der König der Könige und der Herr der Herren!

So ist es Gottheiligegeist, der ihn euch sendet, damit sein Allheiliger Wille hier allein herrschen wird während der Herrschaft Gottes auf Erden! Das Reich der Tausend Jahre! Das Reich des Friedens und des Glücks!

Aber für ihn heißt Herrschen Dienen!

Also ist er geschickt zu dienen! Zuerst Gott zu dienen! Gottvater, Gottsohn Jesus und Gottheiligegeist Imanuel! Und auch Euch zu dienen!

Sein Dienst bei der Menschheit ist es, gegen das Dunkel mit dem Wort, der Gralsbotschaft und also dem Schwert seines Herrn und Königs zu kämpfen, um ohne Unterschied die Frauen und Männer dieses Weltteils durch das Gralswissen zu helfen und die Träger des Kreuzes des Grals durch das Gericht Gottes zu dem Gelobten Land, das nichts anderes ist als die Errichtung des Reichs von tausend Jahren auf der Erde dank der Segnungen des Grals zu führen!

Diese neue Prophezeiung ist die Prophezeiung des Schwarzen, des Roten Mannes, des Weißen und des Gelben Mannes!

Also von allen Menschengeistern dieses Weltalls! Einschließlich der Menschenseelen des Jenseits!

Denn wir befinden uns in der Zeit des Menschensohnes, des Königs der Könige, des Herrn der Herren, Imanuel! Der Richter!

Die Sünde gegen Gottvater und Gottsohn kann vergeben werden, nicht die, die gegen Gottheiligegeist!

9.6 Afrika und das Element „Erde"

Hier geht es um die geistigen Tätigkeiten, die von oben nach unten kommend und nicht die von unten nach oben gehend!

Deshalb versuchst du das alles mit deinem Herzen zu leben und zu lernen und nicht mit deinem Gehirn!

Und mit dem Wort „Herz" haben wir es geschafft!

Denn mit dem Herzen fühlen wir die Hitze, etwas Lebendiges! Was das Gehirn betrifft, etwas trocken, leblos, so kalt, das Rechnen...

Letzteres in seinen Forschungen wird auf einen einzigen Punkt in der irdischen Ebene beschränkt sein. Und das in einem einzigen Bereich, kritisieren wollend...

Auf der anderen Seite wird derjenige, der mit seinem Herzen zuhört, bereit sein, zu überprüfen, um die Wahrheit zu finden, die gute Nachricht, die belebt und nährt, um mit anderen zu teilen! In seiner Forschung geht er weiter von der physischen zur metaphysischen oder astralen Ebene...

Alles wird um ihn herum lebendig werden! Und alles hat eine Beziehung zu allem! Möge es die mineralischen Arten, die Pflanzenarten, die Tierarten und die Menschenart seien!

Weisen wir hier auf den Dreiklang von "Schwarzem" hin:

- schwarzes Afrika: Erdenquelle wegen Lucy (Schwarzen)

- Mond (Viertelmond: dunkel, schwarz)

- schwarzer Mann(Mensch)

KAPITEL X

DIE GEHEIMNISSE VON AFRIKA

10.1 Das Geheimnis der Erschaffung von Afrika
10.2 Das Geheimnis der Entwicklung Afrikas
10.3 Das Geheimnis seiner Fauna
10.4 Das Geheimnis seiner Flora
10.5 Das Geheimnis seines Klimas

10.1 Das Geheimnis der Erschaffung von Afrika

Das Wort Geheimnis sollte nicht für diejenigen bestehen, die nach dem Licht der Wahrheit suchen. Da das Licht Gottes, sein Wort erleuchtet alles in der Schöpfung, derart, daß alles was unsichtbar ist wird sichtbar für alle, die von der Gnade Gottes getroffen sind, alles was unverständlich ist wird verständliche für diejenigen, die versiegelt sind, und alles was unbekannt ist wird bekannt für die, die von dem Licht berufen sind.

Gewiß ist die Frage der Erschaffung von Afrika eine schwierige Frage geworden, weil die Menschen es schwer gemacht haben, indem sie blindlings an alles glauben, was in der Bibel geschrieben steht, besonders die Ankündigung der Erschaffung des Himmels und der Erde, eine Ankündigung in der Urgeschichte, im Alten Testament.

Bis heute ist die Schaffung von Afrika auch für Forscher unklar geblieben.

Für die Kirche ist die Erschaffung des Himmels und der Erde von Gott, dem Schöpfer, der Heilige Geist eine für den einzigen Menschengrund unerreichbare Glaubenswahrheit und diese kann nur durch eine Offenbarung von Vertretern von Kirchen oder Tempeln oder Moscheen, vor allem in diesem Fall, durch die religiösen Männer bekannt wird.

Aber die Wahrheit Gottes ist bekannt nur durch die Offenbarung des Menschensohnes, Imanuel, der eins mit dem Sohn Gottes macht!

Der Mensch muß seinerseits in sich den Boden vorbereiten, um das Wort zu empfangen, die Botschaft Gottes, die Gralsbotschaft, die

Wahrheit und die von der Wahrheit in Person gelehrt werden kann, das Wort in Person, das ist Gott, ein Teil von Gottvater.

Um Himmel und Erde zu erschaffen, sagte Gott das Licht in der Bibel:

" Am Anfang schuf Gott Himmel und Erde.

Und die Erde war wüst und leer, und es war finster auf der Tiefe; und der Geist Gottes schwebte auf dem Wasser.

Und Gott sprach: Es werde Licht! und es ward Licht."

1. Mose 1: 1-3

Infolgedessen ist die geistige Erschaffung eine göttliche Tat, und die irdische Erschaffung, wie der Mensch sie heute versteht, besteht überhaupt nicht. Denn die Naturgesetze beweisen es.

Doch Gott spricht zu uns durch Seine Sprache in der Schöpfung. Die Natur ist ein integraler Bestandteil der Sprache Gottes. Natur bedingt auf der Erde vor der irdischen Geburt, muß es eine göttliche Erschaffung vorhanden seien. Wir beobachten dieses Naturgesetz bei den Menschen, muß es ein Leben, eine Seele, ein Geist vor der Geburt eines Babys vorhanden seien.

Dies gilt auch für Tiere in der Tierwelt. Auch sie wurden von Gott geschaffen. Aber sie haben eine Seele. Wir beobachten dieses Naturgesetz auch bei Tieren, es muß ein Leben, eine Seele vor der Geburt eines Tieres vorhanden seien. Es ist das gleiche für Meeresarten wie Fisch, Meeressäugetiere.

Flora, namentlich Pflanzen und Blumen, respektiert auch die Naturgesetze, wonach es eine Bewegung notwendig ist. Denn die Bewegung in der Schöpfung ist das Leben!

Wir beobachten dieses Naturgesetz in Bezug auf die Flora, es muß auch ein Leben, ein Bewusstsein, ein Wesen vor der Geburt einer Pflanze vorhanden seien.

Und auch das Universum, namentlich Galaxien, Sonnensysteme und Sterne, respektiert auch die Naturgesetze, wonach es eine Bewegung notwendig ist. Wir beobachten dieses Naturgesetz im Weltall, es muß ein Leben, ein Bewusstsein, ein Wesen vor der Geburt eines Universums oder eines Sterns vorhanden seien.

Was den Unterschied zwischen der geistigen Schaffung von Eden und der irdischen Bildung Europas macht, ist der Geist Gottes. Die göttliche Schaffung erfolgt mit geistiger Bildung und geistiger Belebung mit der Kraft des Heiligen Geistes, des Lichts. Auf der anderen Seite wird die Erdformation durch die Tätigkeiten der Wesenhaften gemacht.

Und eine irdische Bildung, nicht eine Schaffung eines irdischen Leibes, denn der Heilige Geist hat schon von Anfang an alles geschaffen! Wie die Wissenschaft es jetzt zeigt!

Aus irdischer und körperlicher Sicht bedeutet der Begriff Erschaffung Bildung und Belebung.

Darüber hinaus ist Eden nur eine symbolische Figur und letzteres stellt nur Afrika in der Urgeschichte dar. Die Bibel erwähnt auch, daß der schwarze Mann in den Plänen von Gott anwesend war und daß Afrika dort erwähnt wird!

Die anderen würden sagen, daß es die Bibel selbst war, die der Menschheit die Schaffung von Eden und der Erde angekündigt hat.

Aber in der Bibel, wir haben zwei Versionen der Tat, die uns ein wenig zu wünschen übrig lassen. Das Buch Moses 1 Kapitel 1 gibt uns ein Bild der Entwickelung der Dinge, der Schaffung, Tag für Tag, Schritt für Schritt. Hingegen gibt uns Moses 1 Kapitel 2 ein Bild von der absoluten Schaffung eines Gartens von Eden.

Gott gab uns den Kopf zu denken, die Augen zu sehen und Ohren zu hören! Deshalb ehren wir Gott mit solchen Werkzeugen, wie schon Galileo, genannt Galileo Galilei einst tat.

Bei der Beobachtung des Universums entdeckte zum Teil Galileo, wie regiert Gott die Welt, zu der gehören Sternen und Planeten, und daß die Erde nicht das Zentrum des Sonnensystems und noch weniger des Universums sein könnte.

Diese Entdeckung hat die wissenschaftliche Welt in Aufregung gesetzt und vor allem die religiöse Welt, Inhaber der weltlichen Macht, somit materiale und religiöse Macht, somit politische.

Vor dieser blinden und brutalen Gewalt, die vor den Morden, Folter nicht zurückweichten im Namen Gottes, das heißt die Inquisition, wurde Galiläa zu widerrufen gezwungen. Weil für die Kirche, können die Menschen nicht die Wahrheit finden irgendwo sonst als in der Bibel.

Aber nun jeder weiß, daß die Kirche mit seinen Inquisitoren, hat sich geirrt. Inquisitoren haben die Bibel mißverstanden. Die Bibel als die anderen heiligen Bücher anderer Religionen wurden von Menschen geschrieben. Gewiß sind sie inspiriert, aber sie sind immer noch Menschen. Weder mehr und noch weniger.

Daher ist jeder verantwortlich für alles das, was er sagt und tut, nach Gottes Gesetzen oder den Gesetzen der Natur. Er muß die Vor- und Nachteile in seinem Innersten alles abwägen, was er hört und liest. Alles, einschließlich alles, das aus heiligen Büchern kommt, einschließlich aus der Bibel.

Wer tat dies, ehrt Gott wie Jesus es im Gleichnis von den Talenten erklärt!

Daher werden wir nicht wegen der Kritik von Menschen von blinden Glauben zurückziehen, diejenigen, die blind Geschichten aus der Bibel und Dogmen der Kirchen glauben, sondern wir wollen hingegen Gott ehren mit unseren Talenten, die uns von dem Licht anvertraute sind, indem wir diese beiden Ankündigungen der Schaffung von Welten prüfen:

" Und Gott sprach: Es sammle sich das Wasser unter dem Himmel an besondere Örter, daß man das Trockene sehe. Und es geschah also.

Und Gott nannte das Trockene Erde, und die Sammlung der Wasser nannte er Meer. Und Gott sah, daß es gut war.

Und Gott sprach: Es lasse die Erde aufgehen Gras und Kraut, das sich besame, und fruchtbare Bäume, da ein jeglicher nach seiner Art Frucht trage und habe seinen eigenen Samen bei sich selbst auf Erden. Und es geschah also.

Und die Erde ließ aufgehen Gras und Kraut, das sich besamte, ein jegliches nach seiner Art, und Bäume, die da Frucht trugen und ihren eigenen Samen bei sich selbst hatten, ein jeglicher nach seiner Art. Und Gott sah, daß es gut war.

Da ward aus Abend und Morgen der dritte Tag.
"Die erste Ankündigung, 1. Moses 1 9-13

" Also ist Himmel und Erde geworden, da sie geschaffen sind, zu der Zeit, da Gott der HERR Erde und Himmel machte.

Und allerlei Bäume auf dem Felde waren noch nicht auf Erden, und allerlei Kraut auf dem Felde war noch nicht gewachsen; denn Gott der HERR hatte noch nicht regnen lassen auf Erden, und es war kein Mensch, der das Land baute.

Aber ein Nebel ging auf von der Erde und feuchtete alles Land."
Die zweite Ankündigung, 1 Moses 2

Beim Lesen dieser beiden Ankündigungen haben wir zwei Arten von Schaffung und scheinbar eine Art Widerspruch, in der Tatsache, daß Gott die Welt, die Flora, Fauna und den Mann zweimal mit verschiedenen Prozessen erschuf.

Aber das ist doch nicht der Fall!

Dies ist ein sehr wichtiger Punkt für die Schaffung der Erde, vor allem Afrikas, der grobstofflichen Welt!

Aber alle diese Texte der Bibel sind bis jetzt von den Menschen mißverstanden worden. Denn die Gläubigen haben es einseitig mit ihrem Verstand verstanden, denn die kleinen geistigen Einzelheiten sind ausgelassen worden, aber die Bibelforscher haben sich an die irdischen oder seelischen Einzelheiten geklammert! Das heißt, zur Sünde! Erbsünde!

Infolgedessen verstehen die Kreationisten die Texte der Urgeschichte mit ihrem Verstand, also ein Werkzeug des Körpers, vor allem das Gehirn, anstatt mit ihrer Seele und vor allem mit ihrem Geist zu verstehen!

Denn die Männer, die berufen sind, diese geistigen und seelischen Erzählungen zu empfangen, haben nichts mit der Schaffung dieser Erde als solchen zu tun; die irdische Natur ist eine indirekte Schaffung Gottes!

Die Erschaffung der Natur ist eine geplante und gewollte Entwickelung Gottes, wie die Wissenschaft hat es gut betont! Aber die Schaffung des Menschen und seiner Umgebung, die in der Bibel beschrieben ist, ist eine göttliche Schaffung durch geistige Gesetze!

So daß Ihr davon überzeugt seid, werde ich ein Buch über die vom Licht aus gesehene Schöpfungsgeschichte des Weltalls schreiben, namentlich von der Erde, denn die Berufene des Lichts, die diese geistigen Bilder erhalten haben, sind nicht dazu berufen, dies zu erklären, sondern einfach, um sie als solche der Menschheit zu geben!

Einerseits finden sich die heutigen Evolutionisten nicht in die Auslegungen der Bibel von Kreationisten ein, und andererseits finden die Kreationisten sie nicht in Interpretationen von Evolutionisten; aber niemand braucht etwas in der Bibel als solches zu ändern um die in der

Bibel und in der Natur erwähnte Schaffung und Entwickelung anzunehmen!

Der Beweis meiner Erklärungen ist, daß die Bibel und die Wissenschaft von demselben Ding spricht, besonders die Sprache Gottes in der Schöpfung über die Erschaffung von Afrika!

Hier geht es um die Bibel wie die heiligen Bücher aller großen Religionen, einschließlich Koran, zu verstehen, denn wie ich schon oft darauf hingewiesen habe, sollte der Koran ein Teil der Bibel sein.

Die Wissenschaft, natürliche oder exakte Wissenschaft muß als ein Wissen Gottes, das von den Lichtberufenen erhalten wird, verstanden werden!

Da die beiden von Gott, dem Licht, abgeleitet sind, denn alles kommt von Gott, dem Heiligen Geist, dem Schriftsteller, dem Schöpfer jedes Gegenstandes in der Schöpfung, im Universum, diese beiden Sprachen sind wahr:

- Bibel: Gott schuf Afrika aus dem Staub des Bodens...

- Wissenschaft: Afrika ist der Staub der Sterne...

Wir sind jetzt im Aufkommen des Heiligen Geistes, des Menschensohns Imanuel, der von Jesus angekündigt wurde!

Wie Jesus vorausgesagt hatte, verkündete der Menschensohn Imanuel, der Heilige Geist, der Geist der Wahrheit die ganze Wahrheit und er lehrte alles in seiner Gralsbotschaft "Im Lichte der Wahrheit"!

10.2 Das Geheimnis der Evolution Afrikas

"Die Erde und der Himmel werden vorbeigehen, aber meine Reden werden nicht vorbeigehen!" sagte das Licht.

"Aber ein Nebel ging auf von der Erde und feuchtete alles Land.

Und Gott der HERR machte den Menschen aus einem Erdenkloß, und blies ihm ein den lebendigen Odem in seine Nase. Und also ward der Mensch eine lebendige Seele.

Und Gott der HERR pflanzte einen Garten in Eden gegen Morgen und setzte den Menschen hinein, den er gemacht hatte." 1. Moses 2: 6-8

Mit der Erkenntnis des Menschensohn, Imanuel, wird das Wort Geheimnis durch Gott geplantes und gewolltes Wissen ersetzt, dessen Grundlage das Leben, persönliches und bewusstes Erleben ist.

So besteht das Wort Geheimnis nicht mehr für diejenigen, die im Lichte der Wahrheit sind. Da das Licht Gottes, Sein Wort beleuchtet alles in der Schöpfung so, daß alles, das verborgen ist, für jeden Menschen sichtbar wird, namentlich der schwarze Mann, der von der Gnade Gottes berührt wird; alles, das unverständlich ist, wird verständlich für diejenigen, die Kreuzträger geworden sind und alles, das unbekannt ist, wird für die Berufene bekannt.

Es ist wahr, daß die Frage der Entwickelung Afrikas zu einer schwierigen religiösen, wissenschaftlichen und religiösen Frage geworden ist, weil die Menschen es schwierig gemacht haben, indem sie ihren Verstand über ihren Geist stellen und ihre Religion über die Wahrheit und ihr Wissen über das wahre Wissen, welches von Gott, dem Licht kommt.

Bis heute ist die Evolution Afrikas unklar geblieben, auch für Forscher, die zu diesem Zweck berufen wurden.

Für die Wissenschaft ist die Entwicklung des "Lucy" in Afrika durch Naturgesetze eine wissenschaftliche Wahrheit, die nur für den menschlichen Glauben unzugänglich ist und die nur durch wissenschaftliche Entdeckung, vor allem in diesem Fall von Wissenschaftlern, bekannt sein kann.

Aber diese wissenschaftlichen Entdeckungen sind oft göttliche Offenbarungen, weil einige Wissenschaftler von Gott berufen sind!

Der Wissenschaftler muß seinerseits den Boden in sich vorbereiten, um die Gaben von Gott zu empfangen, indem er seinem inneren Herzen zuhört und die Vor- und Nachteile abwägt, um die göttlichen Ereignisse in seiner Umgebung durch seine eigenen irdischen Augen besser zu verstehen im Hinblick auf die Gottes gewollten Entdeckungen!

Gott spricht zu uns in der Schöpfung durch seine Sprache. Die Natur ist ein integraler Bestandteil der Sprache Gottes. Die Natur verlangt auf der Erde vor der Evolution muß eine Schaffung vorhanden sein.

Ist die natürliche Evolution Afrikas von Gott gewollt und geplant?

Da für einige schwarze Männer mussten einige Gläubige des kleinen Glaubens, Afrika, die Wiege der Menschheit, im Rahmen spezifischer Gesetze nach ihrer Natur geboren werden, die sich offenbar von anderen Kontinenten unterscheidet. Aber sind die Gesetze nicht mehr die Gesetze Gottes, denn der Wille Gottes ist unveränderlich und vollkommen aus aller Ewigkeit. Eden, der ewige Garten Gottes kann nicht entkommen, geschweige denn ein vergänglicher Garten auf Erden! Es gibt keine willkürlichen Eingriffen oder willkürlichen Handlungen seitens Gottes in seiner Schöpfung.

Die geistige Entwickelung von Eden ist nicht mehr jenseits des Verständnisses der Menschen. Es ist kein Rätsel mehr für die Menschengeister, denn durch die Gralsbotschaft können sie Ereignisse verstehen, die weit von ihrem Ursprungsort stattfinden. Ereignisse schwingen in einem Zeit- und Raumrahmen ganz anders als ihre.

Was seine irdische Evolution, namentlich Afrika betrifft, ist es in der Reichweite jedes Menschengeistes!

Was den Unterschied zwischen einer geistigen Evolution des europäischen Kontinents und einer normalen irdischen Evolution macht, sind die Wesenhaften oder die Geister der Natur. Die geistige Evolution findet mit dem Geist, sicherlich auf der Erde, aber vor allem in der Welt der Materie und sogar darüber hinaus statt. Die irdische Evolution findet mit der Seele und dem irdischen Körper statt, aber im Wesentlichen in der irdischen Umgebung.

Zuerst fand sie bei ihrer ersten Formation oder während ihrer Evolution in Form von Superkontinenten statt, also in einem ganz anderen Kontinent, namentlich Afrika!

Aus irdischer und körperlicher Sicht bedeutet der Begriff Superkontinent, daß der Superkontinent der Anfangsboden ist, die Grundlage aller Kontinente dieser Erde!

Viele würden sagen, daß es die Bibel selbst ist, die implizit die Evolution Gottes in seiner Schöpfung bestreitet. Aber in der Bibel haben wir Passagen, die ein wenig zu wünschen übrig lassen für jeden Mensch, der etwas denkt, vor allem Evolutionisten. Aber auf der anderen Seite brauchen die Kreationisten, die auf blinden Glauben beruhen, anscheinend nicht denken!

Aber für jeden wahren Gläubigen, der normalerweise Kreationist und Evolutionist ist, wird mit seinem geistigen und körperlichen Auge sehen, daß in der Bibel alles klar ist, aber nur der Mensch muß seine Sichtweise ändern, aber nicht die heiligen Schriften im Allgemeinen!

Schon wenn wir in der Bibel Samen von Pflanzen lesen, Multiplikation von Arten; Ist das nicht ein Merkmal der Evolution?

Dann, wenn wir von der Geburt und dann vom Tod sprechen, ist es nicht Evolution, die mit der Natur der Dinge in diesem Universum verbunden ist?

Die Genealogie Jesu im Evangelium nach Matthäus kann uns in dieser Angelegenheit eine Menge Dinge erzählen.

Gott hat uns den Kopf gegeben, um zu sehen, Augen zu sehen und Ohren zu hören! Darum laßt uns Gott mit diesen Werkzeugen ehren, wie auch Charles Darwin, der Evolutionist genannt, vor uns tat.

In der Beobachtung der Natur hatte Darwin zum Teil entdeckt, wie Gott die Natur regieret, zu der gehören Menschen und Tiere und daß der Mensch nicht das Zentrum dieses Sonnenökosystems sein kann, zumal sein Körper ist nur ein Produkt der Evolution der Natur.

Infolgedessen werden wir uns vor den Kritiken der Menschen des blinden Glaubens nicht zurückziehen, diejenigen, die die biblischen Geschichten und die Dogmen der Kirchen blind glauben, aber im Gegenteil, wir wollen Gott ehren, indem wir uns mit unseren Talente, die uns von dem Licht anvertraut sind, untersuchen diese beiden Ankündigungen der Vertreibung aus dem Eden und die Nichtvertreibung des gleichen Gartens von Eden vom Weißen Mann.

Die erste Ankündigung:

" Und Gott der HERR sprach: Siehe, Adam ist geworden wie unsereiner und weiß, was gut und böse ist. Nun aber, daß er nicht ausstrecke seine Hand und breche auch von dem Baum des Lebens und esse und lebe ewiglich!

Da wies ihn Gott der HERR aus dem Garten Eden, daß er das Feld baute, davon er genommen ist,

und trieb Adam aus und lagerte vor den Garten Eden die Cherubim mit dem bloßen, hauenden Schwert, zu bewahren den Weg zu dem Baum des Lebens."

1 Moses 3 22-24 Ankündigung der Vertreibung des sündigen Mannes

Und die zweite Ankündigung:

" Wenn du den Acker bauen wirst, soll er dir hinfort sein Vermögen nicht geben. Unstet und flüchtig sollst du sein auf Erden.

Kain aber sprach zu dem HERRN: Meine Sünde ist größer, denn daß sie mir vergeben werden möge.

Siehe, du treibst mich heute aus dem Lande, und ich muß mich vor deinem Angesicht verbergen und muß unstet und flüchtig sein auf Erden. So wird mir's gehen, daß mich totschlage, wer mich findet.

Aber der HERR sprach zu ihm: Nein; sondern wer Kain totschlägt, das soll siebenfältig gerächt werden. Und der HERR machte ein Zeichen an Kain, daß ihn niemand erschlüge, wer ihn fände.

Also ging Kain von dem Angesicht des HERRN und wohnte im Lande Nod, jenseit Eden, gegen Morgen."   1 Moses 4 12-26 Ankündigung der Nichtvertreibung des sündigen Mannes.

Beim Lesen dieser beiden Ankündigungen bemerken wir, daß es immer noch einen scheinbaren Widerspruch gibt, wie in vielen Fällen in der Bibel!

Wie alles kann die Lösung dieses Rätsels nicht auf der Grundlage des Schöpfungswissens gelöst werden, das aus der Gralsbotschaft, dem Wort, kommt!

Unter Bezugnahme auf meine späteren Vorträge in diesem Buch habe ich schon oft erwähnt, daß es keinen einzigen Garten von Eden gibt, sondern viele! Und von verschiedenen Arten! Und von oben nach unten! Oder für Euch, um einfacher zu sein, von unten nach oben!

Und es wird Euch leicht erscheinen zu verstehen, daß die Vertreibung von Adam nicht wirklich eine Vertreibung ist, sondern eine Wanderung von einem animierten Eden Garten in den geistigen Höhen zu einem animierten Eden Garten in der Welt der Seelen ... Und so weiter. Von oben nach unten! Bis so weit im Garten Eden in der grobstofflichen Welt!

Es versteht sich von selbst, daß alles in Form geistiger Bildern gegeben ist!

Seine göttliche Schaffung ist zunächst geistig, also direkt und auch grobstofflich, also indirekt!

Die Schöpfungsgeschichte spricht davon, nicht durch den zu entschlüsselnden Code, sondern durch eine kindische Sprache! Kindisch, weil die Lichtberufene, die seine geistigen Bilder erhalten hatten, vermischten sie mit den Elementen ihrer irdischen Umgebung, was Verwirrung brachte. Kindisch, weil die Gläubigen sie aufnehmen, ohne sie wirklich zu verstehen, also blind, was den Obskurantismus, den Fundamentalismus brachte, anstatt mit der Klarheit als Kind der Schöpfung Gottes zu suchen, das um Hilfe bittet ... namentlich das Wissen des Lichts!

Kindisch, da die Ungläubigen finden es nicht, sich für das Schreiben zu interessieren und sich also vom Licht zu entfernen, was nicht das Licht bringt, sondern das Dunkel in allen Lebensbereichen ... namentlich das Gericht Gottes! Das Ende einer Welt!

Deshalb kann es keine Trennung zwischen der Schaffung Gottes und der von Gott geplanten und gewollten Evolution geben!

10.3 Das Geheimnis seiner Fauna

Es kann keine Trennung zwischen der Schaffung Gottes und der geplanten und gewollten Evolution Gottes geben!

" Und Gott der HERR machte den Menschen aus einem Erdenkloß, uns blies ihm ein den lebendigen Odem in seine Nase. Und also ward der Mensch eine lebendige Seele.

Und Gott der HERR pflanzte einen Garten in Eden gegen Morgen und setzte den Menschen hinein, den er gemacht hatte. „

1 Moses 2 : 7- 8

" Und Gott der HERR sprach: Es ist nicht gut, daß der Mensch allein sei; ich will ihm eine Gehilfin machen, die um ihn sei.

Denn als Gott der HERR gemacht hatte von der Erde allerlei Tiere auf dem Felde und allerlei Vögel unter dem Himmel, brachte er sie zu dem Menschen, daß er sähe, wie er sie nennte; denn der wie Mensch allerlei lebendige Tiere nennen würde, so sollten sie heißen.

Und der Mensch gab einem jeglichen Vieh und Vogel unter dem Himmel und Tier auf dem Felde seinen Namen; aber für den Menschen ward keine Gehilfin gefunden, die um ihn wäre. »

1. Moses 2 18-20

Diese beiden biblischen Passagen repräsentieren zwei Vorgänge der göttlichen Schaffung und einen Vorgang der geistigen Evolution, nicht nur die irdische Entwicklung, die von Wissenschaftlern, insbesondere Naturforschern, beobachtet wurde!

Ich weiß, daß für die Zeit alles in groben Züge gegeben ist und für die große Allgemeinheit schwer zu verstehen ist, aber leicht zu verstehen ist für die Berufenen, aber ich werde unter dem Befehl des Lichts fortfahren, damit auch die großen Allgemeinheit die Gnaden Gottes selbst fassen können; denn auch sie sind Geschöpfe Gottes wie alle Geschöpfe in dieser Schöpfung!

Ich habe geistige Evolution gesagt, denn es gibt nicht nur eine von Gott geplante und gewollte irdische Evolution der Natur!

Und der Mensch, durch seinen verkrüppelten Verstand, wagt es, das Tier aus den Plänen Gottes zu bringen. Aber ohne es zu wissen und ohne es zu wollen, hat er sich aus den Plänen Gottes herausgestellt.

Seine fixistische Vorstellung vom Verstand, der sogenannte Fixismus, der darin besteht, die lebendige Welt zwischen den Tieren zu teilen, wird oft von christlichen Theologen aufgenommen, die durch eine literarische Lektüre der Bibel das Weltall und die bekannte Welt in Betracht gezogen haben wurde innerhalb einer Woche entstanden, und daß es nicht angebracht war, diese Idee in Frage zu stellen. Die Tiere waren da, um dem Mensch zu dienen. Und das ist falsch, als solches! Tatsächlich ist es der Mensch, der Tieren und anderen Naturwesen dienen soll, indem er seinen Boden einen Garten von Eden macht! Was ist heute nicht der Fall!

Glücklicherweise aus der Renaissance werden bestimmte Ideen in Frage gestellt. Während der Arbeit von Forschern, darunter Charles Darwin, entwickeln Theorien der Evolution der Arten. Aus diesen Theorien und besonders aus dem von Darwin Kommenden entstand eine Kontroverse mit den Kreationisten, die oft ihre Unterstützung für eine christliche biblische Vision des Ursprungs des Lebens beanspruchten. In dem Schluß, daß Darwins Theorie den Menschen ein Tier machen würde, die Frucht einer Evolution durch Prozesse der natürlichen Selektion, namentlich der Sexualität: das wäre, das Kind mit Wasser aus dem Bad zu werfen.

Wie oben erwähnt in der Schöpfungsgeschichte, der Bibel, nur der Körper des Menschen und die des Tieres haben den gleichen Ursprung, vor allem den gleichen Boden!

Und wir könnten sagen, daß Gott der Schöpfer Menschen und Tiere aus dem Staub des Bodens oder des Grundes erschaffen hat, und er hauchte in ihre Nase und sie werden Lebewesen.

Gewiß, es ist ein Unterschied, denn es ist dem Menschen im geistigen Garten geschehen, denn sein wahres Selbst ist Geist und Tier im seelischen Garten, denn sein innerstes Wesen ist eine Seele!

Natürlich trennt monotheistische Religionen auch den "Menschen" vom Tierreich in seiner Natur, sein Wesen, denn der Mensch ist das einzige Wesen, das im Bild Gottes geschaffen ist, und Gott gibt dem Menschen die Natur um seinen Lebensunterhalt zu sichern, muß der Mensch die Natur "herrschen". Das Wort Herrschaft hat keinen Platz in schöner und großer Schöpfung, wie der Verstandesmenschen es definieren will!

Um das herauszufinden, stellst du dich die Frage "Wo steht der schwarze Mann mit seiner Herrschaft in der Natur?»

Es ist das Gegenteil, es ist die Natur, die ihn jetzt dominiert ... im Gericht Gottes!

Denn er hat vergessen, daß seine monotheistische Religion, vor allem das Christentum, der Islam und das Judentum, auf dem geplanten und gewollten Animismus Gottes beruht, der Tier und Mensch vollständig im Universum integriert, ohne die Kontinuität zu brechen (Der Unterschied ist von Grad, nicht von der Natur), alle mit einer Seele ausgestattet, mit dem gleichen entscheidenden Prinzip. Sicherlich wie am Anfang erwähnt, mit dem Unterschied von Grad und Natur.

Deshalb muß sich der Status des Tieres unter den Händen der Eingeweihten des Grals deutlich entwickeln...

Die verschiedenen Definitionen des Tierschutzes konzentrieren sich auf die gleiche Sorge: das Wohlergehen der Tiere zu bewahren, mit anderen Worten, um ihnen ein unnötiges Leiden zu ersparen.

In diesem konkreten Fall hat der Mensch Grund, dies zu tun, denn was einer Art unterliegt, wird eine Rückwirkung über die andere als endlose Kette haben.

Das Wohlergehen des Tieres, wie das des Menschen, umgibt seinen physischen und physiologischen Zustand, und gegenseitig seinen guten Zustand impliziert befriedigende körperliche Gesundheit und ein

Gefühl des Wohlbefindens. Der Tierschutz wird in diesen Punkten entsprechend den Grundbedürfnissen des Tieres abgelehnt:

Physiologische Freiheit (Abwesenheit von Hunger und Durst),

Umweltfreiheit (Unbequemlichkeit);

Gesundheit Freiheit (Freiheit von Krankheit und Verletzung),

Verhaltensfreiheit (Recht auf den Ausdruck des normalen Tierverhaltens),

Psychologische Freiheit (Fehlen von Furcht und Angst).

Das alles ist selbstverständlich für einen, der ein gewisses Wissen über die Natur hat.

Und da Afrika gewisse spezifische Gaben hat, die das Licht nur für ihn, unentbehrlich für andere, gegeben hat, versteht es sich von selbst, daß es bestimmte Tierarten hat, die ausschließlich auf afrikanischem Boden leben...

Zum Beispiel der Löwe, die Giraffe...

10.4 Das Geheimnis seiner Flora

So schuf Gottvater die Welt in Gottheiligegeist, durch das Wort: " Es werde Licht!»

Darum ist er der Schöpfer aller Dinge, der Herr! Ohne Ihn gibt es keine Bewegung, kein Leben in der Schöpfung! Denn er ist das Licht in Person aus der Schöpfung und in der Schöpfung!

Was wird übersetzt "Und es ward Licht!"

Also derjenige, der die Menschen der Erde und die unsichtbaren Genies der Natur erschaffen hat! Und natürlich die Fauna und Flora!

"Und der HERR Gott hat alle Bäume aller Art zu wachsen, angenehm zu sehen und gut zu essen, und den Baum des Lebens inmitten des Gartens und den Baum der Erkenntnis von Gut und Böse."

Die Betonung muß hier noch auf dem Wort "Boden" stehen!

Es ist aus demselben Boden, daß die Körper der Menschenart, der Tierarten, und diesmal die Pflanzenarten hervorgehen!

Und der Begriff vom Baum des Lebens ist den Gläubigen der monotheistischen Religionen in dieser Welt völlig unbekannt geblieben. Denn sie selbst wollen dem Gebot des Sohnes Gottes nicht folgen: "suchet und du wirst finden"

Und der Menschensohn kam und gab das Wort des Vaters, die Gralsbotschaft, aber kein Gläubiger will sich geistig bewegen, um alle Weltgeschehen zu verstehen...

Und was den Begriff von dem Baum des Guten und Bösen anbetrifft, so habe ich schon zum Teil gesprochen im Gralswissen, aus der Gralsbotschaft stammend!

Für eine kurze Erklärung, Gott, das Licht kennt das Böse überhaupt nicht! Infolgedessen waren es nicht seine Diener, die den Baum des Guten und Bösen pflanzten, aber Luzifer, der gefallene Erzengel, tat es, um Menschen zu verführen. Und das ist, was passiert ist, indem sie die Frucht des Baumes von der Frau zuerst und dann durch den Mann aßen!

Nach dem Sündenfall kann der Garten Eden nicht das irdische Paradies für alle Lebewesen werden, wie es von Gott geplant und gewollt ist.

Deshalb muß sich der Zustand der Pflanze deutlich unter den Händen der Eingeweihten des Grals entwickeln...

Die verschiedenen Definitionen des Pflanzenschutzes werden sich um die gleiche Sorge konzentrieren: das Wohlergehen der Pflanzen zu bewahren, mit anderen Worten, um ihnen ein unnötiges Leiden zu ersparen.

In diesem Fall hat sich der Mensch leider nicht dazu veranlasst, die Strahlungen von Pflanzen zu beobachten, die mit dem Ganzen eins machen.

Daher hat der Mensch die Pflicht, diesen Schutz zu machen, denn was einer Spezies, vor allem der Pflanzenart, unterliegt, wird eine Rückwirkung über die anderen als endlose Kette haben.

Das Wohlergehen der Pflanze, wie das des Tieres, umgibt seinen physischen und physiologischen Zustand, und gegenseitig seinen guten Zustand impliziert eine befriedigende körperliche Gesundheit und ein Gefühl des Wohlbefindens.

Der Pflanzenschutz wird an diesen Punkten entsprechend den Grundbedürfnissen der Anlage abgelehnt:

Physiologische Freiheit (Abwesenheit von Hunger und Durst),

Umweltfreiheit (Unbequemlichkeit);

Gesundheit Freiheit (Freiheit von Krankheit und Verletzung),

Verhaltensfreiheit (das Recht auf den Ausdruck des normalen Pflanzenverhaltens),

Psychologische Freiheit (Fehlen von Furcht und Angst).

All dies ist nicht mehr offensichtlich für viele Verstandesmenschen, die die Pflanzen nicht gut beobachtet haben.

Aber zum Glück können einige begabte Leute dies bestätigen.

Und da Afrika gewisse spezifische Gaben hat, die das Licht exklusiv dazu gibt, die auch für andere Kontinente unentbehrlich sind, versteht es sich von selbst, daß es bestimmte Pflanzenarten hat, die nur auf afrikanischem Boden leben...

Und du musst nur schauen und du wirst es finden!

10.5 Das Geheimnis seines Klimas

Als Jesus das Licht über die Sendung des Geistes der Wahrheit, des Heiligen Geistes, des Tröster, des Lichts vorhergesagt hatte, Abd-ru-shin das Licht erfüllte die Verheißungen von Jesus über die Lehre der ganzen Wahrheit!

Einschließlich auf das Klima!

Aber der Mensch ist noch nicht gelungen, im Lichte der Wahrheit zu sehen! Nach dem Sturz in die Sünde, die die einseitige Entwicklung seines Geistes provoziert, der Mann ist noch nicht der Lage, den leuchtenden Glanz der Gralsbotschaft zu ertragen! Die Helligkeit des Wortes, das ewige Evangelium, das von den Propheten und Jesus selbst prophezeit wurde!

Bewusst und unbewusst suchen sie die Wahrheit und darunter, die Antworten auf ungelöste persönliche Fragen im Alltag ... Wahrheiten über die Probleme der Menschheit, die sowohl religiös, namentlich moralisch oder metaphysisch als auch weltlich, namentlich irdisch sind.

Diese Erkenntnis der Schöpfung wird ihnen helfen, das Wort zu erkennen, die Gralsbotschaft und beginnen, nach und nach mit ihren eigenen Augen im Licht der Wahrheit zu sehen! Nur durch ihre "eigenen" Augen, Erfahrungen, Forschungen werden sie in das Licht betreten, in das tausendjährige Reich, das Königreich des Friedens und des Glücks!

Nur durch seine Talente, die Gott das Licht ihm gegeben hat, kann er jetzt in Glück und Frieden in dieser Welt des Dunkels leben, in diesem Umfeld von Unordnung und Chaos! Der heutige Sodom und Gomorra!

Er solle sich nicht um seinen Verstand kümmern! Denn das letztere ist schon im dunkel, im Gottes Gericht, das von den Propheten und von Jesus selbst angekündigt worden ist, und schiebt den Mann weiter, um dem breiten Weg zu folgen, um ihn zu verführen, anstatt ihm zu helfen ... Dann eines Tages, der Schlag des Schwertes wird den verführten Mensch, den Verstandesmensch erreichen, entweder für das geistige Erwachen, also die Auferstehung oder für den geistigen Tod, also Verdammnis!

Dein Klima ist ein Geschenk von Gott, als es das Licht Abd-ru-shin in seiner Gralsbotschaft erklärt!

Um dir zu helfen, klarer zu sehen, fangen wir an zu sehen, was Ihr, Menschen, den Begriff des Klimas wahrnehmet!

Darüber hinaus hat der Mensch keinen Begriff im wirklichen Leben auf Erden, in der Schöpfung Gottes; denn er hat sich bis heute nicht als Geist erwiesen, der nach dem Willen Gottes geweckt oder tätig ist! Dann hat der Mensch keine Bilder von irgendetwas als solchem im wirklichen Leben auf Erden, in der Schöpfung Gottes; denn er hat die Unschuld seiner Seele nach der Ursünde verloren! Schließlich hat der Mensch keine Wirkungen als solche im wirklichen Leben auf Erden, in der Schöpfung Gottes; denn er hat die Unschuld seines irdischen Leibes nach der Erbsünde verloren!

Gewiß hat er das Wort als Gabe Gottes, aber er nutzt es nicht nach dem Gottes Willen, um alles in diesem Universum zu fördern, einschließlich anderer Lebewesen, die von Gott geschaffen werden, die mit ihm in diesem Universum sind und im Hinblick auf ein wahres Leben, das vom Licht gewollt und vorausgesehen wird! Es ist ein Leben ohne Kriege, ohne Katastrophen jeglicher Art, weder menschlich noch natürlich!

Afrikaner, anstatt eine Quelle des Glücks zu sein, wurde er zu einer Quelle des Unglücks in der Welt, besonders in der Schöpfung Gottes!

Doch besitzt der afrikanische Mensch den Begriff, die Vision oder das Bild und die Kraft oder die Wirkungen in seiner Welt! Aber nicht in der gewollten und geplanten Welt Gottes!

Aus diesem Grund gibt es in seinem Wissen, in seinem geistigen Wissen, Divergenz und Konvergenz, These und Antithese, Theorie und Praxis ... Sicherlich ist das alles nicht schlecht wenn und nur wenn der schwarze Mann beginnt, es mit einem geistigen Auge von oben zu sehen!

Aber leider sieht der afrikanische Mann es aus seinem irdischen Auge! Das heißt von unten nach oben!

Und leider gibt es das Untier, das sich auf seinen Weg setzt und eine gewisse Grenze in seinem Aufstieg auferlegt ... Und dieses Untier ist sein Verstand, das Produkt seines Gehirns! Und das Gehirn ist durch seine Natur an alles, was irdisch ist, gebunden! Er kann nicht aus dem irdischen Griff hervorgehen, denn Gott schuf ihn so aus der Natur der Sache heraus!

So kann das Gehirn, das Untier, Theorien machen, vor allem alles auf Erden organisieren, klassifizieren, denken, vorhersagen und sogar außergewöhnliche Erfindungen für Konsumentengesellschaften schaffen, die immer unzufrieden und leiden.

Aber mach dir keine Sorgen, es ist leicht, die Früchte oder "Wunder" des Untieres oder des Verstandes zu erkennen, ein Gehirnprodukt für jeden, der sehen will, weil seine Früchte bitter sind und nur bringen Krankheiten und seine Wunder sind kalt und voller Mystiker und sind nur vergänglich!

Jedes Kind kann es sehen und schmecken!

Deshalb werdet Ihr wie Kinder! So folgt Ihr dem Gebot des Lichtes, um nicht in Versuchung zu verfallen!

Um dieses Geheimnis des Klimas zu erhellen, um zu sehen, was die Menschen, besonders die Klimatologen, mit ihren irdischen Augen beobachtet haben, insbesondere diese menschliche Klassifikation:

1 tropisches Klima: schwarz, (äquatorial und trocken)

2 gemäßigtes Klima: gelb, (Monsun und Bergsteiger)

3 kontinentales Klima: rot, (Äquatorial und Bergsteiger)

4 Polarklima: weiß, (ozeanisch und mediterran)

Wir können dort lesen, daß der afrikanische Mann im Allgemeinen das äquatoriale Klima hat. Das äquatoriale und trockene Klima hinzuzufügen!

Physikalische Eigenschaften, die sich auf physische oder physiologische Züge beziehen, einschließlich seiner Haut und anderen, haben wir bereits über die Geheimnisse seiner Attribute gesprochen, die mit dem Gesetz der Anpassung zu tun haben, das als das Prinzip der natürlichen Selektion bekannt ist, im Rahmen von seiner Evolution! Einschließlich hier sein Klima!

Metaphysische Merkmale im Zusammenhang mit metaphysischen oder psychologischen Merkmalen, vor allem ihre Kultur oder ihr Verhalten und andere, haben wir über die Geheimnisse ihrer Fähigkeiten gesprochen, die mit dem Gesetz der Nachahmung zu tun haben, das als das Prinzip der kulturellen Selektion bekannt ist, im Rahmen von seiner Entwicklung! Auch hier spielt das Klima eine wichtige Rolle!

Als das Klima ein Geschenk von Gott ist, handelt es sich um die Wesenhaften! Elementare Wesen!

Der Mensch muß anfangen, den Schleier durch dieses Stadium zu heben, die Anerkennung dieser Wesenhaften, um dieses Geheimnis zu lösen!

Denn mit seinem Gehirn, dem Werkzeug seines Verstandes, kann er niemals etwas über das Klima vorhersagen oder definieren, sicherlich über das Wetter.

Und vor der Inbesitznahme des Verstandes von allem, wandte sich der Mann zu diesen Wesenhaften und ihren Führern zu, mit Recht! Mit vollem Recht! Denn im sogenannten Animismus macht der Mensch einen mit der Natur.

Aber jetzt will der Mensch alles beherrschen, auch die Natur!

Und sie versuchen, Ursachen und Wirkungen zu finden, aber immer von unten nach oben!

Es ist wahr, daß Klimasysteme durch alle Wechselwirkungen zwischen Erdatmosphäre, Ozean, Kryosphäre, Lithosphäre und Biosphäre verursacht werden, die unter der Wirkung der Sonnenstrahlung das Klima der Erde bestimmt, namentlich in Europa.

Die empfangene Energie wird von den verschiedenen Komponenten unterschiedlich aufgenommen. Die Ozeane stellen das Hauptreservoir der eingefangenen Hitze und Feuchtigkeit dar. Sie tauschen sie vor allem mit der Atmosphäre aus.

Die Lage der Meeresströmungen und deren Oberflächentemperatur beeinflussen einen großen Teil des Klimas.

Die Kontinente und vor allem die Erleichterung führen physische Barrieren für diesen Austausch ein, die die Verteilung von Niederschlag, Hitze und Vegetation stark verändern.

So sehen wir, daß die vier Elemente für die Ursachen des Bodenklimas erwähnt werden!

Das Wasserelement muß mit Meeresströmungen haben zu tun. Und die Wesenhafte Nixe repräsentiert dieses Element! Und sie sind lebendig!

Das Luftelement muß mit den Luftströmen, Jet-Stream haben zu tun. Und die Wesenhafte Sylphe repräsentiert dieses Element! Und sie sind lebendig!

Das Erdenelement muß mit dem Boden, Vegetation zu tun haben. Und der Wesenhafte Gnom repräsentiert dieses Element! Und sie sind lebendig!

Das Element Feuer muß mit Energien, Sonne zu tun haben. Und der Wesenhafte Salamander repräsentiert dieses Element! Und sie sind lebendig!

So ist alles Leben und nichts ist tot! Alle bilden einen im Kreis von allem, auch das afrikanische Klima mit dem schwarzen Mann in Bezug auf Haut, Kultur, vor allem Essen!

Es versteht sich von selbst, daß der Boden, vor allem das Klima, dem Mann die Nahrung gibt, die er braucht. Und diese Notwendigkeit für Nahrung variiert von einem Boden zum anderen, von einem Kontinent zum anderen.

KAPITEL XI

DAS LICHT UND AFRIKA

11.1 Abd-ru-shin, das Licht in der Zeit von Moses und Afrika

Am Anfang schwebte der Geist Gottes über dem Wasser.

Und die sichtbare Form des Geistes Gottes ist die Heilige Taube! Und die Heilige Taube ist stets über zwei Söhne Gottes! Der Gottessohn Jesus und der Menschensohn Imanuel-Parzival!

Und Parzival wurde einmal in Abd-ru-shin inkarniert!

Abd-ru-shin, in der Sprache von gestern, bedeutet der Sohn des Lichts! Als der Gesandte Gottvaters, das Licht in Person, wurde er von vielen Gottesdienern auf Erden begleitet, einschließlich Moses!

Mose war ein Werkzeug Gottes auf Erden! Das Werkzeug des Heiligen Geistes, des Lichtsohnes auf Erden!

Aber der Name Moses bringt uns zum Alten Testament!

Im Alten Testament und also in der Bibel wurde der afrikanische Boden nie von Gott vergessen! Denn Gott versprach nicht nur die Belohnungen, sondern auch die Strafen für das auserwählte Volk, aber auch für den schwarzen Mann!

Denn jetzt mußt du nur auf das Wort Ägypten verweisen; und in deiner Seele und deinem Gewissen wirst du fühlen und sehen, worum es geht!

Das Alte Testament bedeutet einfach den alten Bund mit Gott!

Aber wir dürfen nie vergessen, daß das Alte Testament auch altes Wissen bedeutet!

Aber vom Licht aus gesehen, kann es keine Frage eines Bundes mit Gott geben, weil der Bund Gottes in dem geistigen Sinn ewig ist!

Aber aus menschlicher Sicht kann der Mensch nach seinem freien Willen, der von Gott, dem Licht, gewährt wird, die Hand des Heils erfassen, die auf ihn ausgedehnt wird oder nicht!

Damit dieser Bund ewig sein kann, gab Gott der Menschheit das Tabernakel, das Allerheiligste! Es ist das Pfand der Ewigkeit dieses Bundes!

Infolge meiner Erklärungen heute ist es selbstverständlich, daß der Bund nicht eine Sache eines Volkes ist, nicht nur das auserwählte Volk, sondern alle Völker der Erde!

Da alles, was mit Gott verbunden ist, von einer geistigen Natur ist, versteht es sich von selbst, daß es nicht mehr ein Kontinent als solches ist, sondern ein Boden, ein Garten, ein Tempel!

So ist der Boden jedes Geistes vor seinem Gott!

So steht geschrieben: "Der Boden ..."

Also geht es um dich, der Afrikaner, in Person...

Hat der afrikanische Mann den Geboten seines Gottes gefolgt?

Dieses Weltgeschehen ist eine Weltwende für die Menschen der Zeit, vor allem das jüdische Volk im Besonderen. Diese Geschehen sind immer begleitet von der Erweiterung der Lehre von Gott im Hinblick auf die Entwicklung der Geister in der Schöpfung gegeben.

Diese Lehre ist in der Tat der Bund Gottes mit den Entwickelungsmenschengeistern, besonders mit dem weißen Mann!

Der Bund Gottes sind die zehn Gebote, die bis heute gültig sind.

Es ist anzumerken, daß in der Zeit Mose der Bund Gottes nicht nur mit dem jüdischen Volk gemacht wurde, sondern mit allen Völkern, einschließlich des weißen Mannes!

Er gab ihnen die Zehn Gebote und die Wohnung Gottes auf Erden.

Ägypten glaubte nicht an Gott und seinen Willen ... und kannte die zehn Plagen auf seinem Boden...

Und du, der afrikanische Mann, glaubst du an Gott und an seinen Willen...?

Und Afrika erhielt indirekt die göttliche Gnade des Aufenthalts der heiligen Person, der heiligen Taube in Person, namentlich Abd-ru-shin, der den Boden dieses Planeten für mehr als ein Jahrzehnt trat.

Und die heilige Taube war direkt stets anwesend auf seinem Boden...

Als der Fürst von Isra baute er ein Reich des Friedens und des Glücks auf Erden. Deren physische Wiedererscheinen aus dem heiligen Boden durch Tätigkeiten von Genies der Natur werden nach dem Willen Gottes getan werden!

Der Tempel des Heiligen Lichtes, wo es den Heiligen Gral gab, wird auch erscheinen, um die Ereignisse von gestern zu zeugen und mit den Kräften der Natur zu verbinden!

Und schließlich die Pyramide, die den Leib des Lichts und die Leichen derer, die ihn hier auf Erden begleitet hatten, namentlich Nahome und Moses...

11.2 Jesus, das Licht und Afrika

Mit dem Kommen Jesu in diesem Weltenteil schwebte die Heilige Taube über Ephesus...

Jesus, das Licht, der Sohn Gottes wurde im Alten Testament prophezeit! Als der Gesandte Gottvaters, das Licht in Person, wurde er von einer großen Anzahl von Dienern Gottes auf Erden begleitet, besonders von den Aposteln! Die Evangelien und die Apostelgeschichte in der Bibel sind Zeugen davon!

Jesus war die Liebe Gottvaters, in Person auf Erden! Die Gegenwart Gottvaters auf Erden! Aus diesem Grund trägt er die Taube über ihm und hinter ihm das strahlende Kreuz!

Nur ein Sohn Gottes trägt sie als Symbol der Einheit mit dem Vater!

Kein Lebewesen Gottes kann sie im Himmel tragen, geschweige denn hier auf Erden!

Im Neuen Testament, also in der Bibel, wurde der schwarze Mann nie von Gott vergessen! Denn Jesus lehrte seine Botschaft Christi nicht nur dem auserwählten Volk, sondern auch dem schwarzen Mann!

Jetzt mußt du dich nur auf den Jüngern aus Griechenland beziehen. Und in deiner Seele und deinem Gewissen wirst du fühlen und sehen, worum es geht!

Das Neue Testament bedeutet einfach den neuen Bund mit Gott!

Aber wir dürfen nie vergessen, daß das Neue Testament auch das neue Wissen bedeutet!

Aber vom Licht aus gesehen, kann es keine Frage eines Bundes mit Gott geben, weil der Bund Gottes im geistigen Sinn ewig ist!

Das ist mit dem jüdischen Volk passiert! Das jüdische Volk hat das Gesetz, das Gesetz Gottes, den Willen Gottes, die Zehn Gebote niemals respektiert! Und darüber hinaus glaubten sie nicht an Jesus und sein Wort!

Gott bestraft ihn, aber in Wirklichkeit sind es sie selbst, die sich selbst bestraft haben, indem sie das neue Wissen, den neuen Bund, das Neue Testament nicht annehmen! Deshalb haben sie das Land und den Tempel verloren!

Für diejenigen, die glaubten, vor allem die Christen, haben sie einen neuen Bund im Namen Jesu!

Es ist immer der gleiche Bund Gottes!

Damit dieser Bund ewig sein kann, stellte Jesus das Abendmahl des Herrn, den Akt des Grals, ein und gab der Menschheit, aber vor allem den Berufenen das Vaterunser, der Quintessenz Seiner Botschaft! Es ist das Pfand der Ewigkeit dieses Bundes!

Nach meinen Erklärungen heute ist es selbstverständlich, daß der Bund nicht eine Sache eines Volkes ist, nicht nur das auserwählte Volk, sondern alle Völker der Erde!

Da alles, was mit Gott verbunden ist, von einer geistigen Natur ist, versteht es sich von selbst, daß es nicht mehr um den Boden eines Volkes als solches geht, sondern um alle Boden in den vier Kontinenten der Erde!

Also jede Gemeinschaft des Geistes vor seinem Gott!

So steht geschrieben: "Dein Reich komme..."

So bist du es, die Gemeinschaft des schwarzen Mannes, als Geist oder Seele seiend, der nach dem Licht Jesu strebt, muß den Boden in dir und den Boden um dich vorbereiten, namentlich deine nähe Umgebung ...

Hat die Gemeinde des schwarzen Mannes den Geboten Gottes, Gottvaters und Gottsohnes gefolgt?

Jesus sprach von seinem Bund mit den Menschen, die das Licht des Herrn in diesen Worten suchen:

"Denn das ist mein Blut, das Blut des Bundes, das für viele ausgegossen wird, für die Vergebung der Sünden." Matthäus (26:28).

Der Bund Jesu ist ein neuer Bund und hat mit dem Bund Gottes zu tun, der von Mose mit dem jüdischen Volk gemacht wurde. Die einzigen Menschen, die bis heute die Lichtberufung erhielten. Dank seiner Berufung sollte dieses Volk den Sohn Gottes Jesus erkennen und so anderen Völkern in das von Gott versprochene Reich von tausend Jahren helfen.

Das Kommen Jesu ist eine kosmische Weltenwende für die ganze Menschheit und vor allem das jüdische Volk. Die meisten Menschen haben Jesus nicht erkannt, und als Ergebnis wurde sein Boden ungeschützt.

Aus diesem Grund sollte das Reich der Juden schmelzen, wie Jesus vorausgesagt hat. Das ist das Gesetz Gottes. Bei jede Weltenwende ist entweder... oder.

Die Mehrheit hatte nicht den Weg gewählt, den Gott mit dem Aufkommen Jesu gezeigt hat. Es ist der einzige Grund, daß der Tempel zerstört wurde und das Tabernakel verschwand.

Der neue Bund wird durch das Abendmahl des Herrn konkretisiert. Es ist ein geistiger Bund, daß das Abendmahl in jeder Hinsicht auf einem reinen Boden gemacht werden muß!

Er muß persönlich überzeugt sein, daß Jesus der Sohn Gottes ist und daß Jesus selbst das Kommen eines Trösters prophezeite, der ewig mit den Menschen bleiben wird.

Denn der Bund Jesu mit dem Menschengeist ist nicht ewig!

Der Bund Jesu mit den Menschengeistern wird im Gebet "Unser Vater" zusammengefasst.

Das Gebet unseres Vaters ist die Quintessenz der Botschaft Jesu oder seiner Lehre!

Für Afrika müssen die folgenden Worte in den folgenden Worten Jesu in seinem wahren Sinne wohlbekannt sein: "Dein Reich komme" steht in direktem Zusammenhang mit der Konsequenz des Sündenfalles: dem Fluch des Bodens.

Es ist also nicht der Wunsch Gottes, daß der afrikanische Mensch ohne freien Willen beherrscht wird oder dem Willen Gottes unterworfen wird, oder er beherrscht nach seinen heiligen Schriften die anderen, vor allem die Natur.

Und wenn die Herrschaft Gottes kommt, wird die Herrschaft des Menschen über andere Geschöpfe Gottes, besonders die Tier- und Pflanzenarten, automatisch mit dem tausendjährigen Reich aufhören. Das Reich Gottes auf Erden. Das Königreich von tausend Jahren.

Im Himmel in den Gärten des Gral, Gottes im Himmel, ist keine Kreatur beherrscht, sondern jede Kreatur nimmt in allen Ebenen der Schöpfung ein Niveau, das ihn nach den göttlichen Gesetzen in der Schöpfung gebührt...

"Dein Wille geschehe auf Erden wie im Himmel"

Dieser Satz steht auch in direktem Zusammenhang mit der Folge des Sündenfalls des europäischen Mannes.

Im Reich Gottes im Himmel, wo nur der Wille Gottes herrscht, ist jeder Garten des Grals schön, alles ist friedlich, alles ist hell.

Aber Auf der anderen Seite, wo der Wille der Menschen herrscht, gibt es keinen Garten Eden mehr, denn trotz äußeren Erscheinens ist alles hässlich, alles ist höllisch und alles ist dunkel, da diese Welt, dieser Boden verflucht ist.

Also muss alles neu werden.

Und im Königreich von tausend Jahren wird alles neu!

Und der Boden wird wieder gereinigt und gesegnet von dem vor zwei Jahrhunderten von Jesus verkündigten Menschensohn!

Die Ausgießung der Kraft des Heiligen Geistes auf afrikanischem Boden, auf dem Gralsgarten.

Und es war die Versprechung des Kommens des Reiches Gottes auf Erden.

Und Afrika, du kannst stolz sein, denn Jesus, die Heilige Taube, sollte für seine Mission auf deinem Boden gelebt haben...

Und Afrika, du kannst stolz sein, denn der Stern des Herrn kam, um einen der Heiligen drei Königen zu führen, der aus deinem Land kam...

11.3 Imanuel, das Licht und Afrika

Mit der Rückkehr von Abd-ru-shin in diesem kosmischen Teil, schwebte die Heilige Taube wieder über Ephesus ... aber diesmal zum letzten Mal, als der Gesandte Gottvaters seiend!

Imanuel, das Licht, der Sohn Gottes wurde im Alten Testament und im Neuen Testament prophezeit! Wir sehen deutlich, daß das wahre Wissen Gottes ewig ist, derart, daß ihre Grundlage die Wahrheit ist! Die Wahrheit , die Abd-ru-shin das Licht gab der Menschheit während seines zweiten Aufenthaltes auf Erden für die Erfüllung der Prophezeiung Jesu über die Sendung des Trösters!

Imanuel bedeutet "Gott mit uns"!

Als der Gesandte Gottvaters, das Licht in Person seiend, wurde er von einer großen Anzahl von Dienern Gottes auf Erden begleitet, besonders von den Berufenen!

Die verschiedenen Werke über das Licht und die großen Propheten aller großen Religionen sind schon hinreichend klar!

Das gegenwärtige Wissen, dazu ich berufen bin, ist ein anderes Zeugnis!

Imanuel war die Gerechtigkeit Gottvaters, in Person auf Erden! Die Gegenwart Gottvaters auf Erden! Aus diesem Grund trägt er die Taube über ihm und hinter ihm das strahlende Kreuz!

Nur der Menschensohn und der Sohn Gottes tragen sie wirklich als Symbole der Einheit mit dem Vater!

Kein Diener Gottes kann sie in den Himmeln oder auf Erden tragen!

Aber der Name Imanuel bringt uns zurück in das Neue Testament und das Alte Testament!

Im Alten Testament, das Evangelium des Gesetzes, wurde Afrika nie von Gott vergessen! Denn während seines ersten Aufenthaltes war Afrika der Aufenthalt des Gesandten Gottvaters!

Im Neuen Testament wurde also das Evangelium der Liebe, Afrika auch nie von Gott vergessen! Denn während des Aufenthalts von Jesus konnte ein König Magier aus Afrika nach Bethlehem dem Stern folgen, um seinen Herrn anzubeten, das fleischgewordene Wort!

Das vorliegende Testament bedeutet einfach den eigentlichen Bund mit Gott!

Aber wir dürfen nie vergessen, daß das vorliegende Testament auch das eigentliche Wissen bedeutet!

Wie eingangs erwähnt, kann man nicht von einem Bund mit Gott sprechen, weil der Bund Gottes in dem geistigen Sinn ewig ist!

Aber aus menschlicher Sicht kann der Mensch nach seinem freien Willen, der von Gott, dem Licht, erteilt wird, die Hand der Erlösung ergreifen, des Erlösers, der so auf ihn ausgedehnt ist oder nicht!

Dies geschieht jetzt mit den Gläubigen, besonders den Christen! Die Gläubigen haben weder das Gesetz noch die Liebe respektiert!

Und die Christen glaubten an Jesus und nicht an sein Wort!

Denn Jesus hat das Kommen Gottes vorausgesagt, der Heilige Geist, ein Mensch unter den Menschen! Wie ihm selber während seines Aufenthaltes auf der Erde!

Aber die Christen glaubten ihm nicht während seines Aufenthalts auf Erden und erkannten nicht sein mit eigener Hand geschriebene Wort, die Gralsbotschaft, die mit der Botschaft Christi eins macht!

Gott richtet niemanden, aber in Wirklichkeit sind es sie, die sich selbst beurteilen, indem sie die eigentliche Erkenntnis, den gegenwärtigen Bund, das gegenwärtige Testament nicht annehmen!

Sie sind jetzt im Gericht Gottes!

Für diejenigen, die an den Menschensohn glaubten, besonders an die Kreuzträger, haben sie einen neuen Bund im Namen von Imanuel! Der gegenwärtige Bund!

Es ist immer der gleiche Bund Gottes!

So daß dieser Bund ewig sein kann, gab Imanuel der Menschheit das Wort, wieder das Tabernakel! Das Heilige der Heiligen!

Die Stätte Gottes auf Erden! Es ist das Pfand der Ewigkeit dieses Bundes!

Auf der Erde, wo er für die Menschheit lebte und arbeitete, wollte er einen Garten von Eden, den Gral ... gründen, vorausgesetzt, daß die Berufene und die Menschen tatsächlich nach dem Heiligen Wort Gottvaters, die Gralsbotschaft leben! Aus diesem Grund hat er keinen Boden als solchen auf der Erde gesegnet!

Nach meinen Erklärungen heute ist es selbstverständlich, daß der Bund nicht mehr mit einer Religion zu tun hat, vor allem dem Christentum, sondern allen Religionen, einschließlich der Atheisten!

Da alles, was mit Gott verbunden ist, geistig ist, versteht es sich von selbst, daß es nicht mehr eine Frage des Bodens als solches ist, geschweige denn eines Kontinents! Aber des Universums in seiner Individualität und als Ganzes zur gleichen Zeit!

Also von diesem Weltenteil vor seinem Gott!

So steht geschrieben: "Wir sind im Licht ..."

So geht es um dich, der europäische Mann, persönlich und um deine Beziehung zu anderen Kreaturen...

Hat der europäische Mann den Geboten Gottes, Gottvater, Gottsohn Jesus und Gottheiligegeist, Imanuel gefolgt ...? -

KAPITEL XII

EIN NEUER ÄRA BEGINNT FÜR AFRIKA

12.1 Laßt uns den afrikanischen Boden retten

Und die Menschheit hat den Begriff des Bodens noch nicht geizig erkannt!

Trotz der Prophezeiungen im Alten Testament und der Prophezeiung von Jesus im Neuen Testament und auch die Prophezeiungen in der Offenbarung Johannes, hat sich der Begriff ein Rätsel für die Gläubigen geblieben, darunter Juden, Christen, Muslime und andere ...

Ihr Unvermögen zu der Erkenntnis müssen sie wiederum nur dem ärgsten Feinde alles Geistes zu danken, ihrem selbstgewählten, unbeschränkten Herrscher, dem erdengebunden Verstande!

Unter Verstandesherrschaft muß aber auch das Richtige verstanden werden. Ich meine damit nicht irgendein Stattregime oder etwas Ähnliches, sondern lediglich die freiwillige Einstellung des Einzelmenschen unter seinen eigenen Verstand, was alles Ungesunde in den irdischen Verhältnissen hervorbrachte und leider auch noch eine Spanne weiter bringen wird.

Mit allen Einzelafrikanern aber steht natürlich auch seine Religion unter der furchtbaren Wucht der Folgen dieser Erdensünde wider den Geist. Der schwarze Mann trug sie mit sich von Anfang an bis hinein, ohne davon zu wissen, ohne es zu ahnen und zu wollen. Die Vergiftung alles Wollens drang ganz unbemerkt mit ein, und so ist triumphierend Mitherrscher dort ebenfalls der menschliche Verstand. Es wird nie anders sein können, bis diese Sünde gegen die göttliche Bestimmung in der Menschheit gründlich ausgerottet ist.

Das bildet auch die Mauer gegen eine Lösung für die Rettung Afrikas in Bezug auf gefährdete Tier- und Pflanzenarten. Die Kirche und die Wissenschaft werden es deshalb auch sehr schwer fertigbringen, die wahre Lösung wirklich zu begrüßen und dafür zu danken, weil eigentliches Wissen und die ungetrübte Wahrheit ein Begreifen über alle Grenze des engen Verstandes unerbittlich fordern! Wie überhaupt ein jedes geistige Geschehen. Da Kirche, Religion und Wissenschaft den Begriff des afrikanischen Bodens nicht richtig erklären könnte, ist der Beweis dafür gebracht, daß beide Teile trotz des besten wollen noch derart gebunden sind. Denn eine Tatsache muß hierbei unzertrennbar auch die andere ergeben.

Daß die Kirche und Forscher als Ganze behaupten, es noch tun können, und für das bisherige Unvermögen dazu alle erdenklichen Vorwände angeben, ist kein Beweis. Zeit dazu war genug vorhanden, seit dem Kommen Imanuels, ungefähr ein Hundert Jahre! Daß sie verstreichen mußte ohne Erfolg, liefert doch deutlich einen gegenteiligen Beweis.

In solchen ernsten Leidensfällen, die wir derzeit mit der Natur-und Wirtschaftskatastrophen, Kriegen, Gewalt und Krankheit leben, muß man jede Stunde nützen, wenn man ernstlich will ... und kann!

Da gibt es keine Zeit zu Auseinandersetzungen und Reden, sondern es ist Menschenpflicht zu handeln. Und wo das nicht geschieht, dort ist Nichtkönnen. Darüber gibt es wohl kaum zu streiten.

Das Nichtbegreifenkönnen einer wahren Lösung aber schließt naturgemäß von vornherein eine Verständigung schon aus.

Es blieb deshalb nur ein Weg übrig, daß Tatsachen die Erklärungen in der Gralsbotschaft bestätigen!

12.2 Das Gericht von Afrika

Das Ende einer Welt ist nicht das Ende der Welt. Das Ende einer Welt ist auch nicht das Ende der Zeit, angekündigt von einigen, die die Prophezeiungen der alten Propheten und Jesus missverstanden haben. Das Ende einer Welt kann auch als das Ende einer Zeit bezeichnet werden.

Welche Welt, welche Zeit?

Das ist die Welt von Sodom und Gomorrha, Babylon. Es ist die Zeit des Dunkels. Das Ende einer Welt ist mit dem Kommen des Menschensohnes, Imanuel verbunden, denn er ist der Richter, der von Gottvater ernannt wird.

Er ist das Schwert Gottvaters, in Person!

Und wir müssen uns nur an die Worte des Sohnes Gottes erinnern: "Ich bringe nicht Frieden, sondern das Schwert"

Eins mit Imanuel seiend, Jesus ist auch das Schwert des Vaters!

Und Imanuel, das Schwert Gottvaters hat als das Schwert den wissenden Adler in der göttlichen Welt!

Und dann hat Parzival, das Schwert Gottvaters, als das Schwert den Gralsritter, Merkur in der geistigen Welt!

Und endlich, Abd-ru-shin, das Schwert Gottvaters hat als das Schwert Mose, der Gralsgesandte in der seelischen und irdischen Welt!

Nach den Naturgesetzen Gottvaters in der Schöpfung, geschieht das Gericht der Welt, namentlich des Afrikas und wird geschehen wie in Ägypten! Aber mehr konzentriert in der Zeit und mehr universal im Raum.

Dies geschieht mit dem gegenwärtigen Gericht, als Jesus in seinen Prophezeiungen mit dem Aufkommen des Menschensohnes betont hat und was genau geschehen wird, wie die Offenbarung vorausgesagt hat!

Was geschah mit dem Kommen Gottes, von dem Moses ein Werkzeug war, dadurch seine Wunder während des Gerichtes Ägyptens verwirklicht worden waren, Wunder, die als zehn Wunden bekannt waren, und wieder werden sie nach dem Naturgesetze wieder auf Erden, besonders in Afrika für das Gericht Gottes erfüllt werden!

Laßt uns die Plagen des Gerichts, die Mose gemacht hat, rekapitulieren:

Die erste Plage: das Wasser verwandelte sich in Blut durch seinen Stock, seine Waffe, sein Schwert.

Die zweite Plage: eine Invasion der Frösche in deinem ganzen Gebiet, im Nil, in den Palästen, in den Räumen durch seinen Stock, seine Waffe, sein Schwert.

Die dritte Plage: die Moskitos auf dem Lande durch seinen Stock, seine Waffe, sein Schwert.

Die vierte Plage: eine Invasion von giftigen Fliegen auf Männer durch seinen Stock, seine Waffe, sein Schwert.

Die fünfte Plage: eine heftige Epidemie der Pest auf Rindern, besonders auf Pferden, Eseln, Kamelen, Ochsen, Schafen und Ziegen, durch seinen Stock, seine Waffe, sein Schwert.

Die sechste Plage: Furunkel, die sich in den Geschwüren an den Menschen und den Tieren durch seinen Stock, seine Waffe, sein Schwert entwickeln.

Die siebte Plage: ein heftiger Hagelsturm bricht durch seinen Stock, seine Waffe, sein Schwert aus

Die achte Plage: die Heuschrecken, die durch seinen Stock, seine Waffe, sein Schwert auf dem Boden bedeckt waren.

Die neunte Plage: die Dunkelheit, die Dunkelheit über Ägypten durch seinen Stock, seine Waffe, sein Schwert.

Die zehnte Plage: der Tod des Erstgeborenen durch sein Gebet, seine Waffe, sein Schwert.

All dies beweist, daß Moses das Schwert des Herrn in Person auf Erden ist!

Er ist mehr als ein Ritter des Heiligen Grals, der in der Apokalypse von Johannes beschrieben ist!

12.3 Der « Neue Himmel » und Afrika

Afrikaner Mann! Mensch! Wenn die Stunde kommt, in der nach göttlichem Willen die Reinigung und Trennung auf der Erde vor sich gehen muß, so achtet auf die Euch verheißenen, zum Teile überirdischen Zeichen am afrikanischen Himmel!

Eines dieser Zeichen ist die Erfüllung der Prophezeiung Jesu, des Sohnes Gottes, besonders des Kommens des Menschensohnes auf den Wolken mit seinen Engeln und Rittern! Einschließlich die vier Tierritter der Apokalypse!

Und in der Apokalypse spricht man von "neuem Himmel"!

Vom neuen Himmel, von der neuen Stadt, vom neuen Jerusalem, das die quadratische Form, kubische Form ist!

Jetzt dank dieses Schöpfungswissens, wißt Ihr, warum die neue Stadt die Form der Quadratur des Kreises hat! Und jede seiner vier Seiten hat drei Tore, also die Summe von zwölf Engeln ...

Du wirst selbst den Schluß ziehen, daß der Himmel mit der Nummer zwölf mit Astrologie zu tun hat! Die Zahl zwölf hat mit den zwölf Zeichen des Tierkreises zu tun.

Und diese Zeichen des Tierkreises sind die Tore der Strahlungen der Diener Gottes und des Grals!

Und diese Diener des Grals, besonders Engel und Ritter, bereiten den Boden für das Kommen ihres Herrn und Gottes, des Alphas und des Omega, des schaffenden Geistes, des Geistes der Wahrheit, des Geistes, Imanuel, der Sohn Gottes, der Menschensohn!

Und sie sind schon am Werk...

Und der alte oder gegenwärtige Himmel ist nicht mehr im Einklang mit dem von Gott geplanten und gewollten Himmel, nur das Zeichen des Adlers ist nicht mehr da... weil sich der heutige Himmel von seiner ursprünglichen Umlaufbahn entfernt hat! In welchem war das Adlerzeichen!

Das Adel Zeichen ist unentbehrlich in sowohl göttlichen als auch geistigen oder sogar noch seelischen Tätigkeiten!

Schwarzer Mann, schwinge im Lichte der Wahrheit, damit auch du das Kommen deines Herrn vorbereiten kannst! Gott der Allmächtige und der Barmherzige!

12.4 Der "Neue Himmel" und Afrika

Löse dich von allem Dunkel, der du in Afrika lebst!

Da du in der Stadt „Babylon" bist! Babylon erwähnt in der Apokalypse des Johannes!

Wie eine dunkle Gewitterwolke lagert es über Afrika. Schwül ist die Atmosphäre. Träge, unter dumpfem Drucke arbeitet die Empfindungsfähigkeit der einzelnen. Unruhig ist ein jeder Nerv, gespannt von unbewußtem Sehnen. Es wallt und wogt, und über allem lagert düster brütend eine Art Betäubung.

Eine solche Morast, ein faulig Sumpf, afrikanischen Boden absorbiert und jeden Atemzug des Lebens erstickt...

Aber der Becher ist bald bis zum Rande gefüllt.

In einem Blitz, gefolgt von Donnerklatschen und frischen Winden, wird der Schlamm von dem Schwert des Herrn geschlagen, der auf seinem Thron in der Wolke der Wolken zum Gericht sitzt!

Denn der Herr ist nicht nur von Engeln und Ritter umgeben, sondern auch von den alten Göttern und Wesenhaften!

Und mit seelischen Tätigkeiten von Wesenhaften, die alte Babylon wird das neue Jerusalem sein!

Aber sei vorsichtig! Die Städte von Babylon und Jerusalem haben nichts mit den in der Apokalypse erwähnten Stadtnamen zu tun! Denn der Berufene, der die Bilder der Apokalypse erhielt, konnte sie nur als solche erwähnen!

Aber mit dem Gralswissen werden die Bilder der Urgeschichte und der Apokalypse dem Willen Gottes entsprechend mit allen Einzelheiten mit neuen geistigen Begriffen erklärt.

So wird Afrika dank der Tätigkeiten der Wesenhaften den Garten Eden, den Garten des Grals, mit neuen Bäumen mit zwölf jährlichen Ernten wieder sein, um die Seelen zu heilen, die seit Jahrtausenden verwundet und durstig sind.

Mit der Befreiung Afrikas kommt das Ende der Herrschaft des Dunkels in der Welt der Stofflichkeit und der Anfang der Herrschaft

Gottes, des Lichts. Gottvater, Gottsohn Jesus und Gottheiligegeist Imanuel.

12.5 Die Wiedergeburt von Afrika

Die Wiedergeburt Afrikas hat mit der Wiederbelebung des afrikanischen Mannes zu tun! Ist Afrikaner jeder Mann, der Afrika liebt, unabhängig von der Farbe seiner Haut!

Die hier gemeinte Wiederbelebung hat nichts mit seelischer Wiedergeburt als solche zu tun, sondern mit der geistigen Wiedergeburt!

Ihr würdet mich besser verstehen, wenn wir einige historische Tatsachen nehmen, die den Begriff der "Renaissance" zu tun haben.

Historikern zufolge ist eine „Renaissance" gekennzeichnet grundsätzlich durch diese Tatsachen:

Entstehung neuer Wege zur Verbreitung von Informationen,

wissenschaftliche Lektüre von Grundtexten,

Hingabe an die Ehre der alten Kultur (Literatur, Kunst und Technik),

Erneuerung des Handels,

Veränderungen in der Darstellung der Welt.

Betrachten wir nur diese beiden Punkte:

1. die Änderung der Darstellung der Welt, auch in Afrika. In unserem Wissen der Schöpfung, haben wir gesehen, daß Afrika nicht nur physisch dargestellt wurde, aber auch geistig und seelisch.

Und auf der psychischen Ebene ist Afrika ein Werk der Genies der Natur oder Naturgeistern, Wesenhaften, Elementarwesen (vier Elemente: Luft, Wasser, Feuer und Wind) und ihrer Führern, die sind alten Götter, namentlich Jupiter, Merkur, Venus und ihr Wohnsitz oder im Gralsgarten, Olympus oder Walhalla genannt.

Und auf der geistigen Ebene, Afrika ist ein Werk der vier Tiere-Rittern, sie sind der Adler, Widder, Löwe und Stier und haben spezifische geistige Namen, offenbart von Abd-ru-shin Licht in seiner Gralsbotschaft! Und als Gralsritter seiend, sie leben in der Gralsburg oder dem Gralsgarden! Und diese wiederum sind die alten Götter; aber hingegen Jupiter und die anderen sind die seelischen Götter. Aber "Götter" bedeutet Diener des einfältigen und zugleich dreifaltigen Gottes!

2. Was die alte Kultur betrifft, ist es selbstverständlich, daß es mit der griechisch-römischen Welt mit ihren Göttern zu tun hat!

Aber in Wahrheit ist es nicht nur ihr Götter, sondern die Götter aller Menschen und daß sie nur Diener Gottes, des Lichts sind!

Und da sie Diener Gottes sind, dienen diese Götter auch den Menschen in ihrer Macht mit Treue, auf der seelischen Ebene, wie die kleinen Wesenhaften! Aber sie sind groß im Dienst! Außerdem sind sie größer als die Menschen auf Erden!

In der gleichen Richtung, auf der geistigen Ebene, die vier Ritter der Apokalypse dienen der Menschheit und sollen Führer der Menschen sein...

Darin muß der Mensch, namentlich der Afrikaner, wieder geboren werden! Und wir haben davon in dem Gralswissen gesprochen!

Und mögen die Gralsbotschaft dein Führer seien und das Gralswissen deine Helfer seien...

12.6 Gralsfeiern und Afrika

O Afrika! Was für eine ungeheure und göttliche Gnade ist vor dir in der Gegenwart!

Können andere es einfach erkennen?

Mit dem Kommen des Lichts zum dritten Mal sind wir in einer entscheidenden Wende in dieser Welt der Stofflichkeit! Die Weltenwende!

Jede direkte Eingreifen Gottvaters, gab es Gralsakte, namentlich Gralsfeiern!

Zuerst mit dem Kommen von Abd-ru-shin, das Licht in der Zeit von Moses. Und sein Diener Moses feierte mit dem auserwählten Volk das Abendmahl, das heilige Abendessen mit dem Fest des ungesäuerten Brotes ... das ist die Grundlage unseres Osterfestes, das ist der Dank der Menschen zu Gott, dem Allmächtigen und dem Erlöser. Das ist der Alte Bund!

Dann kam das Licht, Jesus. Er feierte das Osterfest, indem er den Neuen Bund mit dem Heiligen Abendmahl zu Ehren Gottvaters, einsetzte!

Und schließlich kam das Licht, Imanuel. Er gründete das Fest der Heiligen Taube, das normalerweise mit dem Osterfest und dem Pfingstfest eins macht, indem er den gegenwärtigen Bund mit dem letzten Abendmahl zu Ehren von Gottvater einrichtet!

In dem gegenwärtigen Bund hat Imanuel drei Feiern gegründet:

1 Das Fest des Heiligen Geistes, die Heilige Taube ist das wichtigste Fest zu Ehren Gottvaters!

Das ist das Fest des Schwertes! Das Schwert hat für Symbol die Blume des Herrn...

Und mit diesem Fest stelle dir nur vor, daß diese Blüte des Lichts, die für immer unzugänglich ist, im afrikanischen Boden verwurzelt werden kann...

Und welche Gnade! Und die Wesenhaften, besonders die Elfen können diese Gnaden genießen...

2 Das Fest der göttlichen Liebe, der strahlende Stern ist das zweite wichtige Fest zu Ehren Gottes!

Es ist das Fest der Rose des Lichts! Die strahlende Rose hat als Symbol die Rose Blume...

Und mit diesem Fest, stell dir vor, daß diese göttliche Rose Blume, kann in afrikanischen Boden verwurzelt werden...

Und die Wesenhaften, einschließlich der Elfen, sind dafür dankbar...

3 Das Fest der göttlichen Reinheit, die reine Lilie ist das dritte Fest zu Ehren Gottes!

Das ist das Fest der göttlichen Lilie! Die reine Lilie hat als Symbol die Blume von Lilie...

Und mit diesem Fest, stelle dir nur vor, daß diese göttliche Lilie Blume, auf afrikanischem Boden verwurzelt werden kann...

Und die Wesenhaften, einschließlich die Elfen, werden freudig damit sein...

Und neben der Verwurzelung von drei Blumen auf afrikanischem Boden gibt es noch einen Dreiklang mit der Gralsfahne, dem Gralsturm und dem Gralstempel, der auch in afrikanisch gereinigtem Boden verwurzelt sein kann...

Und denke nur an die Gralsfahne, gibt es das Gralskreuz, das das Zeichen des Lichtes, die schaffende Wahrheit ist und das Quadrat von vier Tierrittern, die Quadratur des Kreises...

Ein unbestreitbares Zeichen dafür, daß der fragliche Boden unter dem Schutz des Grals nach den ewigen Gesetzen Gottes steht.

12.7 Das tausendjährige Reich: der Beginn eines neuen Afrika

Es geht um die Welt des Friedens, des Glücks, der freudigen Schaffen und des Lichts, denn es muß überall Gleichgewicht oder Gleichheit geben, damit es Liebe und Gerechtigkeit gibt. Es ist die Zeit des Gottmenschen, der "Gott mit uns" genannt wird.

Der Anfang der neuen Zeit ist mit dem Kommen des Menschensohnes, Imanuel verbunden, denn er ist der Herr und der König, der von Gottvater, bezeichnet wird.

Das Reich der tausend Jahre erfolgt in zwei Phasen: eine Phase während des Endes des Gerichtes und eine andere nach dem Gericht.

Die erste Phase, vor dem Ende des Gerichtes, ist in zwei Teile unterteilt:

1. die Reinigung des Bodens, besonders des Afrikas, der ganzen Erde, des Weltalls von allem, was unrein und dunkel ist durch die Hände der Wesenhaften und Götter der Antike!

2 der Anfang der Herrschaft Gottes auf Erden,

Die zweite Phase ist in zwei Teile aufgeteilt

1 das Aussehen des Kometen

2. Die Beschlagnahme und das fortdauernde seelische Schaffen der Wesenhaften und der alten Götter im Aufbau des Reiches Gottes in dieser Welt für tausend Jahre!

Das Kommen des Menschensohnes, Imanuel ist ein schönes Versprechen, das vom Sohn Gottes, Jesus, der ganzen Menschheit vererbt wird.

Seid glücklich, ihr, die dem Licht, Gott versiegelt seid; indem ihr stolz das Zeichen des Lichts auf Eurer Stirn, das Zeichen des Kreuzes traget, als in der Bibel, der Apokalypse erwähnt! Aber fürchtet euch, daß Ihr das Zeichen des Gralskreuzes auf Erden, in dem Dunkel nicht trägt, indem Ihr beachtet nicht oder wolltet nicht an die Tätigkeiten der Wesenhaften, die Genies der Natur und ihrer Führer, die alten Götter glauben; während sie nur diejenigen sind, die in gegenwärtigem Gottgericht sehr tätig sind und Euch den Zugang zu dem tausendjährigen Reich hier auf Erden geben werden.

Nur diejenigen, die mit ihren Geistern in Zusammenarbeit mit den Wesenhaften, die wahren Diener Gottes im Lichte der Wahrheit wirken, werden zugelassen!

Unter den vorläufigen Zeichen des Beginns der Herrschaft von tausend Jahren ist es notwendig, die Verkündigung der Wahrheit zu zählen: die gute Nachricht!

Die Nachrichten vom Königreich! Ich habe schon darüber gesprochen und in anderen Büchern erklärt!

Das ewige Evangelium! Wie bereits in der Apokalypse von Johannes erwähnt!

Und dieses ewige Evangelium ist die Gralsbotschaft von Abd-ru-shin!

Dank des Wortes, dieses Evangeliums kannst du, wenn du willst, das Wunder der Auferstehung leben!

Ein auferstandener in dem ewigen Garten Gottes in der geistigen Ebene!

Und deine Welt wird auch grenzenlos sein! Also unendlich! Aus diesem Grund, was für ein Wunder von Gott! Gottvater, Gottsohn, Jesus und Gottheiligegeist, Imanuel!

KAPITEL DREIZEHN

IN DER TAT MACHT AFRIKA EINS MIT ANDEREN KONTINENTEN

13.1 Was sagest du zu dieser Realität?

Erinnere dich daran! Die Menschenart ist eine Kreatur wie andere Arten! Daher braucht die Menschenart, insbesondere der schwarze Mann, die Mineralart, insbesondere den afrikanischen Boden, Afrika!

Denke daran, Mensch persönlich, an diese Realität, daß der rote Mann nur eine Kreatur aus dem Boden ist, an dieses Bild der Bibel, die Sammlung der gewollten Lehren Gottes, die die Männer und Frauen der Kirchen verkünden unter Berufung auf die Worte der Schöpfungsgeschichte:

„Der Herr, Gott, hat den schwarzen Mann aus dem Staub der Erde gemacht. er hauchte ihm lebenswichtigen Atem in die Nase, und der schwarze Mann wurde ein lebendiges Wesen. "

Diese klaren und einfachen Worte Jesu werden weder in den Andachtsorten, noch in den Kirchen, noch zu Hause, noch in der Natur vorgelesen, ohne daß die Menschen sie verstehen; denn es klar ist, daß der schwarze Mann ist gebildet aus dem Staub des Bodens, und daher kann es keine Frage von Arten aus einer geistigen Sicht sein.

Die Schaffung des weißen Mannes war ein wichtiger Schritt für die anderen Menschen und andere Geschöpf Gottes im Weltall. Dieser geistige und natürliche Prozess von Schaffung des weißen Mannes wurde als Bild für die Menschen gegeben.

Diese Passage wurde falsch interpretiert und einseitig verstanden mit ihrem Verstand, dem Produkt des Gehirns. Das Werkzeug des Feindes des weißen Mannes, Luzifer.

Außerdem hatte der Mensch nicht auf diese biblische Passage gewartet, um anderen Spezies, vor allem die Tier- und Pflanzenarten, ohne zu wollen und ohne es zu wissen, im Allgemeinen zu schaden. Im

Laufe der Zeit hat der Mensch seinem eigenen Bruder ohne Kenntnis der Bibel oder anderer heiliger Bücher geschadet. Aber einfach infolge des Sündenfalles.

Die Schaffung des Tieres war ein wichtiger Schritt auch für andere Menschen und für andere Geschöpfe Gottes im Universum. Dieser seelische und natürliche Prozeß der Schaffung des Tieres wurde durch diese Passage aus der Bibel als Bild für den Menschen gegeben:

„Und Gott der HERR sprach: Es ist nicht gut, daß der Mensch allein sei; ...

Denn als Gott der HERR gemacht hatte von der Erde allerlei Tiere auf dem Felde und allerlei Vögel unter dem Himmel, brachte er sie zu dem Menschen... „ 1. Moses 2 - 18-19

Was bedeutet dies: „Gott, der Herr, bildete das Tier aus dem Staub der Erde; und blies in seine Nase den Odem des Lebens, und das Tier wurde ein lebendiges Wesen. "

Diese Passage wurde auch falsch interpretiert und einseitig verstanden mit ihrem Verstand, dem Produkt des Gehirns.

Von jedem Standpunkt aus ist die Lehre der Kirchen in Bezug auf diese Passage falsch und im Widerspruch zu den folgenden klaren Worten:

„... der Staub der Erde ...“.

Das Wort "Erde" muss in seinem wahren Sinne verstanden werden. Nach den Gesetzen Gottes werden alle vier Arten, besonders menschliches, tierisches, pflanzliches und mineralisches, aus dem Boden geschaffen, namentlich geistige Samen für Mensch, seelische Samen für Tier und feinstoffliche Samen für Pflanze und grobstoffliche Samen für Boden.

Gewiß, der Mensch ist erschaffen im Bild Gottes!

Aber es darf nicht im irdischen Sinne genommen werden, denn im Gegenteil, der weiße Mann ist ein geistiger Mensch und muß anderen Spezies helfen, damit sein Garten von Eden zum Garten des Grals wird. Ein Garten Gottes.

Als ein Geistkeim geschaffen, ist der weiße Mann ein Entwickelungsgeist wie andere Arten. Aus diesem Grund ist seine Körperumhüllung ein Produkt seines irdischen "Bodens"!

Damit die Überzeugung davon wurzelt in euch gebiert, haben wir rücksichtsloses Abwägen und Prüfen über dieser Realität gemacht.

In unserer Nachforschung, haben wir uns verschiedene Geschichten der Bibel gedient, dessen ein Teil ist die Thora, das Buch von der grauen Vorzeit, das am meisten gelesene Buch in der Welt ist, das uns den Argumenten gegeben hat, dadurch überzeugt dank unseres Prüfens, daß der Menschensohn nicht Jesus ist und daß der weiße Mann nicht die starke Art ist und daß der weiße Mann eine Schlüsselrolle in dieser Welt zu spielen hat.

Wir haben die Bibel von Anfang bis ans Ende benutzt. Beginnend mit dem Alte Testament, das Evangelium der Gerechtigkeit, danach, haben wir uns mit dem Neuen Testament befassen, das Evangelium von der Liebe und schließlich haben wir die Apokalypse studiert, die Offenbarung von den Handlungen des Heiligen Geistes. Und auch ein Teil des Korans.

Wir haben uns die natürlichen Gesetze gedient, die Gesetze Gottes, um das Geschehen über den Tätigkeiten des europäischen Mann, im Diesseits, in der Gesellschaft und im Jenseits, in der ganzen Schöpfung zu erklären.

Wir benutzten verschiedene Literaturen, namentlich wissenschaftliche.

Wir haben uns das Wissen genutzt, die von Abd-ru-shin in seiner Gralsbotschaft übermittelt wurden. Das Wort von Abd-ru-shin führt in der ganzen Wahrheit. Abd-ru-shin erklärt die ganze Schöpfung und die göttliche Welt!

So habe ich euch alle Elemente in die Hand gelegt, damit ihr den Schritt zu der Anerkennung der wahren Rolle des afrikanischen Mannes und von dem Menschensohn, Imanuel, führt, und von Seiner aus Gottvaters kommende Gralsbotschaft!

Laß dich nicht durch die anderen beeinflusset werden, weder durch die Kirchen, noch durch die Atheisten; denn dein geistiges Leben, also dein Leben hängt davon ab!

13.2 Gleichwertigkeit von Kontinenten

Solange Luzifer, der Antichrist selbst, in der materiellen Welt wirkt, können alle Erdenmenschengeister, die die Erbsünde nach den Versuchungen von Luzifer, dem Feind des Weltalls, erkannt haben, den afrikanischen Boden nicht erkennen zum beizulegenden Zeitwert.

Zu Beginn ihrer Evolution waren die vier Kontinente eins! Ein Superkontinent Eurasien-afrikamerika! Dann kam die Trennung der Kontinente, die von Gott geplant und gewollt wurden. Die Trennung hier ist eine Wand mit Eingang und Ausgangstüren. Diese vier Kontinente, wenn auch anders in Form, aber sind geistig gleichwertig.

Die Versuchung von Luzifer besteht darin, den Mann zu glauben lassen, daß sein Boden geschützt werden soll und der seines Nachbarn, der soll ausgebeutet werden.

Durch das Gefühl stark, hat der Mensch, besonders der weiße Mann, sich das Recht gegeben, den Garten seines Nachbarn mit allen

Mitteln auszunützen. Es ist die Arbeit der einseitigen Entwicklung des Gehirns, welches mit Raum und Zeit verbunden ist.

Der Mann, vor allem der Weiße, hat sich stark gemacht und sich das Recht bewilligt, den Garten seines Nachbarn mit allen Mitteln auszubeuten. Es ist die Arbeit der einseitigen Entwicklung des Gehirns, die mit Raum und Zeit verbunden ist.

Indem er den von Generation zu Generation überlieferten Traditionen folgt, hat der europäische Mann keinen Bezug, um auf Luzifers krumme Finger zu sehen, die alle Institutionen sowohl religiös und weltlich als auch säkulare manipulieren, so daß der afrikanische Mann sich zunehmend ohne Widerstand zu bückt. Als wäre es der Wille Gottes, daß der afrikanische Garten ein "Dschungel" wird.

Um dem afrikanischen Mann gegen die Versuchungen von Luzifer zu helfen, schickte Gott seine Diener, namentlich Moses, um den Weg zum Garten Eden, zum Garten des Grals mit dem Tabernakel zu zeigen. Weg, der seit dem Beginn der stofflichen Welt von seinen Dienern vorgezeichnet wird, indem er den Willen durch die Zehn Gebote gab. Es war zur Zeit der ersten Inkarnation von Abd-ru-shin auf der Erde.

Aber der afrikanische Mann wollte nicht den Willen hören, viel weniger setzt sie in der Praxis umgesetzt. Im Gegenteil hörte er die Diener von Luzifer, die Finsternis, die ihrer Eitelkeit und ihrem Stolz schmeichelte. So wurde der Weg, zu Gott führend, ganz geschlossen, übereinstimmend mit dem Gesetz der Bewegung. Da der afrikanische Mann nicht mehr diesen Weg benützten.

Um wieder diesen Weg zu öffnen, mußte das Licht von Gottvater auf Erden inkarniert werden. Allein das Licht ist das Leben, die Wahrheit, das Wort und der Weg.

Aus diesem Grund, sagte Jesus, daß er der Weg ist...

So kam Jesus um der Menschheit und ihrer Sünden willen!

Mit der Inkarnation von Jesus auf Erden wird eine stärkere Macht als das von Luzifer in der materiellen Welt verankert. Denn Luzifer ist nur ein Erzengel, während Jesus der Gottessohn ist, der Herr! Jesus thront über alles, einschließlich der Erzengel!

Dies war eine irdische Verankerung vom Licht aus Gottvater.

Aus diesem Grund Luzifer, als ein gefallener Erzengel in Person, nicht sich gegenüber Jesus stehen kann. Er muß vor dem Gesicht von Jesus, dem Licht fliehen.

Aus diesem Grund, als Antichrist seiend, um Jesus in seinem Werk der Erlösung zu kämpfen, benützte er seine Helfer, seine Diener auf Erden.

Aber in Wirklichkeit weder der schwarze Mann noch ein Mann einer anderen Rasse ist die stärkste Rasse in Wirklichkeit!

Jeder Kontinent muß nach Gottes Willen seine geistigen Qualitäten entwickeln, die für andere Kontinente nach seiner Art als Ganzes unentbehrlich sind. Aber wenn die Menschen sich vergleichen wollen, ist es wahr zu sagen, daß der Boden nicht der Kontinent als solcher stark in seiner Mission ist, die Gottheiligegeist ihm gegeben hat!

Aber es darf nicht vergessen werden, daß die Kraft nichts mit der Erde oder dem irdischen Körper als solchen zu tun hat, sondern die Wesen, die in diesen Körpern sind.

Der Geist als solcher hat mit dem Bewusstsein des Menschen zu tun!

Was das Bewusstsein betrifft, hat es mit dem Gral, die Quelle des Lebens zu tun!

Angesichts des Beispiels der Intelligenz würden einige Leute sagen, daß der Mensch in allen Bereichen intelligenter ist. Das versteht sich nach dem Gesetz der Bewegung! Denn diese Intelligenz wird ihm gegeben ... durch das Licht! Aber andere Arten haben ihre Qualitäten, die Männer nicht erwerben können!

Darum kann es keine Ungerechtigkeit oder Willkür geben, denn Gott hat keine Vorliebe für Arten! Siehe Kreaturen in der Welt!

Betrachten wir die Arten in der Natur, in der Nahrungskette gibt es Raubtiere und Beute, aber kein Geschöpf, namentlich die Beute ist der Gnade einem anderen Tier, vor allem dem Raubtier, dem Verbraucher ausgeliefert! Denn jede Kreatur ist durch die Art eines Mittels der Verteidigung ausgestattet, zum Beispiel Stärke, Geschwindigkeit, Tarnung, Intelligenz, Gift...

So geht es mit Arten in der Natur auf der Erde....

Darum sollen alle Arten der Erde einen einzigen Geist bilden, der von dem Licht vereint und gesegnet ist, und er soll die Segnungen, die er aus seinem geistigen Ursprung erhielt, in Segen für andere Lebewesen verwandeln!

13.3 Die Pilgerfahrt : die Mischung der Länder

Wenn Menschen geistig aktiv wären, könnten wir nicht von einer Wallfahrt im irdischen Sinn des Wortes sprechen, besonders von religiösen, sondern von der geistigen Pilgerfahrt mit dem Austausch von Strahlung zwischen Menschen, zwischen Ländern, daher der Begriff von der Mischung der Länder!

Neben physischen Verbindungen zwischen Kontinenten, wie die Wissenschaft teilweise beobachtet hat, sollte der Menschengeist seinen Anteil an der Arbeit hinzufügen, einschließlich der metaphysischen und geistigen Verbindungen zwischen den Böden dieser Welt.

In ihren Begegnungen sollten sich die Menschen zuerst auf moralische und geistige Komplementaritäten stützen, das heißt auf die Empfindung! Und Empfindung tut es auf natürliche Weise, weil es ihre Mission ist, die Gott ihm gegeben hat!

So wird er mit seinem Geist Komplementarität in dem anderen suchen, um zusammen zu schwingen, um Gott, den Schöpfer, zu ehren!

Durch Besprechungen, Kriege, Kolonialisierung, einige geistige Männer im Laufe der Geschichte, wollten sie das Land ihres Nachbarn entweder durch Zerstörung oder Besitz ausbeuten!

Ist der Boden aber ein Geschenk der Natur, also Gottes! Es muß geachtet und geschützt werden nach den Gesetzen Gottes und nicht nach den Vorstellungen der heutigen Menschen!

Es muß im geistigen und nicht nur im irdischen Sinn verstanden werden!

Darum sprach Abd-ru-shin das Licht darüber, um der Menschheit zu helfen, indem er das Zehnte Gebot in seinem wahren Sinn und die Verwurzelung eines jeden Menschen erklärte und er hatte darauf bestanden, nicht das Badewasser mit dem Baby zu werfen, in der Sache! Aber anscheinend wurde das nicht gut verstanden! Oder es wurde einseitig verstanden!

Um die Sprache des Herrn, des Lichts, zu verstehen, muss man natürlich sein! Denn die Sprache des Herrn wird auch von der Natur auf einfache Weise ausgedrückt! Noch einmal werdet wie Kinder!

Sonst wirst du das Wort, die Gralsbotschaft nicht verstehen, geschweige denn die Natur! Infolgedessen sind staatenlose Menschen, Emigranten, wenn sie so genannt werden, Menschengeister wie andere Menschengeister, obwohl ihre seelischen Wurzeln von anderswo kommen! Wenn sie nach den Naturgesetzen, der Gralsbotschaft leben, sind ihre Beiträge ein Plus für den Boden, das einladende Land!

Die Verwurzelung eines Menschen in seiner Heimat, die in der Gralsbotschaft erwähnt wird, muß zuerst in seinem geistigen Sinn verstanden werden, dann in seinem seelischen Sinn und schließlich in seinem physischen Sinn!

Der geistige Sinn hat mit Strahlung zu tun. Wie jedes luzide Kind es sehen kann, daß die Sonne scheint, bringen die Sterne diese Strahlungen, von denen Menschen Mittler sein können. Und die Sterne geben uns die zwölf Tierkreiszeichen, in denen wir die Zeichen der vier wissenden Tiere und der Jungfrau Elisabeth finden...

Und dann der seelische Sinn hat gleichermaßen mit den Göttern der Antike zu tun, die die Namen von Planeten unseres Sonnensystems tragen...

Und schließlich hat der physische Sinn teilweise mit den Wesenhaften und auch mit den Menschen zu tun...

Aber leider sind es die Menschen dieser Erde, die ihre Mission in dieser Hinsicht nicht erfüllt haben!

Das heutige Wallfahrtsproblem, vor allem die Pilgerfahrten der sogenannten "heiligen" Orte, liegt in dem Sinne, daß die Wallfahrt nicht mehr auf Überzeugung beruht, sondern auf den Aktivitäten des Verstandes, namentlich blinder Glauben, Religion, Fundamentalismus, Suche nach wundersamer Heilung, egoistischen und persönlichen Gefühl ...

Wie in der Antike mit dem Polytheismus der Vergangenheit mit ihren heiligen Stätten vergangener Zeiten ... Wie heute beim Monotheismus von heute mit ihren heiligen Stätten ... Weder die einen, noch die anderen können ihren Gläubigen heute nicht wirklich Frieden und Glück bringen!

Aber im Gegenteil, sie sind der Grund für viel Unordnung und Krieg...

Wenn du also auf einem Boden oder an einem Ort lebst, sei stolz und übernimm deine Verantwortung gemäß dem Willen Gottes!

Denn jeder Boden wurde von Gott geschaffenen, der Liebe ist!

In Einfachheit und im Natürlichen liegt der Weg zum verheißenen Land und damit zum Segen Gottes!

Und in der nächsten Zukunft wird es nur noch einen Wallfahrtsort auf der ganzen Erde geben!

13.4 Der Superkontinent

Es versteht sich von selbst, daß sich der Begriff "Boden" auf die ganze Welt bezieht! In seinem wahren geistigen Sinne! Darum, die ganze Schöpfung, ohne Ausnahme! Unabhängig von Erde, Land, Kontinent, noch weniger Boden!

Es ist besser, den geistigen Garten von Eden in der ganzen Schöpfung Gottes zu sehen, nicht nur in der irdischen Beziehung...!

Nur der Zusammenschluß zahlreicher isolierter Gaben aus vier Kontinenten macht es möglich, für die anderen Kontinente etwas vollkommenes zu bilden. Aber diese besonderen Gaben müssen vom Menschen auf den Dienst gerichtet werden, auf dem Weg der Vollkommenheit, der durch den Zusammenschluß verwirklicht wird.

Denn Zusammenschluß ist Stärke!

„Zusammenschluß! Gleite nicht leicht darüber weg, sondern versuche Dich in diesen Begriff zu vertiefen, daß Reife und Vollkommenheit erreicht wird durch Zusammenschluß. Der Satz ruht in der ganzen Schöpfung als ein Kleinod, das gehoben werden will! Er ist innig verbunden dem Gesetz, daß nur im Geben auch empfangen werden kann! Und was bedingt das richtige Erfassen dieser Sätze? Also das Erleben? Liebe! Und deshalb steht die Liebe auch als höchste Kraft, als unbegrenzte Macht in den Geheimnissen des großen Seins! „Abd-ru-shin, Gralsbotschaft, Band 1, Vortrag 6 „Schweigen"

Ein einziger Kontinent, ein einziger Boden kann Dir Vollkommenheit nicht bieten, doch die Gesamtheit der Kontinente in dem Vielerlei der Eigenarten! Jeder einzelne hat etwas, das zum Ganzen unbedingt gehört. Und daher kommt es auch, daß ein weit Vorgeschrittener, der alle irdischen Begierden nicht mehr kennt, alle Kontinente liebt, nicht einen einzelnen, da nur alle Kontinente die durch Läuterung freigelegten Saiten seiner reifen Seele klingen lassen können zu dem Akkord himmlischer Harmonie. Er trägt die Harmonie in sich, da alle Saiten schwingen!

13.5 Der Menschensohn und die afrikanischen Probleme

Da dieser von der Gralsbotschaft gezeigte Weg über alle Probleme im Zusammenhang mit Afrika, Wiege der Menschheit nach keiner Seite irgendeinen Schaden durch Befolgung bringen kann, ist das Verlangen dazu unbillig zu nennen mancher Streit. Um so mehr als die Bibel davon bekundet und namentlich dadurch auch gleichzeitig so manche verschiedene Probleme im alltäglichen Leben geschlichtet werden könnten.

In irgendeinem Bereich, geistig oder weltlich! Religiös oder wissenschaftlich!

Das Erleben und nicht nur die Geschichte beweist schon durch das Geschehen selbst, daß sie bei dem Versuch der Lösung der Probleme dieser Welt auch falsche Wege gingen. In vielen Fällen, die Anwendung ihrer Lösungen oder Erfindungen riefen hier im Gegensatz zu der erwarteten Erleichterung nur schmerzhafte und neue Katastrophen, die nach den Beobachtungen im alltäglichen Leben allmählich nachließen, wenn der Menschengeist seiner Empfindung nach dem Willen Gottes folgt, nicht folgend, den einseitigen menschlichen Vorstellungen, religiösen oder sogar politischen. Das heißt, die verstandesmäßigen Lösungen bringen neue Probleme mit. Und übrigens, das ist so gewollt, wie schon vorausgesagt im Alten Testament, mit dem Aufkommen des Menschensohnes, Imanuel!

Ich möchte ausdrücklich bemerken, daß in den Erläuterungen, die zur Klärung nötig sind, nicht Anfeindungen liegen sollen! Ich achte jedes ehrliche Bemühen, und das ist hierin von den Nationen aus wie auch von den internationalen Organisationen stets erfolgt, mit bestem Wollen für ein Helfen. Bis heute ist darin kein Vorwurf zu erheben, es sei denn, daß man nun den neugezeigten Weg nicht gehen will und sich vor einem Beweis scheut.

Die ganze Menschheit geht in diesem Falle wieder einmal den irrigen Weg, indem sie alles von der falschen Seite aus betrachtet.

Natürlich muß der Hörer und der Leser denken! Er muß bemüht sein, in den Vorgängen wirklich zu lesen, ruhig zu beobachten.

Seht doch nur das Gebaren aller Menschen hierbei einmal an! Man sucht nach allem Mögliche, sogar nach dem Unmöglichen, setzt aber ganz auffallend eins außer Betracht, läßt es vollkommen abseits liegen als ein Märchen, das man ernsthaft nie mehr in den Bereich des wirklichen Geschehens zieht! Dies Eine sind die ehernen Gesetze Gottes, ist sein Schöpferwille, den man trotz seiner Unverrückbarkeit nicht mehr beachtet, bei den Erwägungen im alltäglichen Leben gar nicht zugrunde legt!

Die Tatsache spricht so erschreckend deutlich für den inneren Zustand der Menschen, die Kirchen eingeschlossen, daß das allein genügen müsste, um meine Ausführungen über den schon oft erklärten Sündenfall und dessen Folgen klarzumachen. Eindringlicher kann es tiefer Denkenden kaum zur Erkenntnis kommen.

Wie hier, so ist es aber auch in jedem Falle, jedem Denken, jedem Prüfen, jedem Handeln! Der Blick bleibt grübelnd nur im Irdischen, in de untersten Niederungen haften, er kann sich nicht mehr frei erhaben nach der Höhe zu, er will es nicht! Das, was bei einem unbeengten Menschen selbstverständliches Beginnen wäre, in allem erst den großen Schöpferwillen zu beachten, seine Schlüsse nur nach ihm zu formen, worin allein die rechte Lösung liegen kann, verwirft der Mensch von heute, selbst auch kirchliche Vertreter, in das Reich der Phantasie! Darin liegt der Beweis, daß die gar nicht daran denken, ihre Folgerung darauf aufzubauen. Sie unterwerfen sich im Gegenteil ganz öffentlich der Wissenschaft, also dem irdischen Verstande, einem Erdgebundensein, und machen sich damit noch zu Vasallen jenes Antichristen, gegen den sie warnen sollen, den sie aber niemals kannten!

Reinheit göttlicher Wahrheit vor die Front! Jeder Afrikaner, der sich verbirgt, ist ihrer nicht mehr wert. Es gilt jetzt mehr als nur einige Menschenseelen! Wie grell beleuchtet dieser Streit um das Aufkommen des Menschensohnes den tiefen Niedergang im Inneren der Menschen! Wie klar zeigt er das eigentliche Abgewendetsein von Gott und dessen Willen! Weil man ihn nicht beachtet!

Auch bei denen, die sich gläubig dünken.

Die irrenden Menschen sehen nicht diese Entsetzlichkeit des Abgrundes, der sich in ihnen schon seit langem aufgerissen hat. Sie taumeln ruhig weiter an dem Rande hin, durch ihre falschen Anschauungen vorläufig noch gehalten.

Wohl allen, die an diesem Falle lernen, die ihn nicht überlegen spottend in das Gebiet der Hysterie verwerfen, zu eigener Beruhigung oder um ihr Unverständnis damit zu verdecken.

Viele tun es sogar mit wirklicher Überzeugung, weil sie schon nicht mehr fähig sind, ihr Unverständnis zu empfinden, und dünken sich tatsächlich wissend, wie ein Gehirnkranker noch alle die belächelt, die seinem Wahn nicht folgen.

Deshalb muß jeder Christ, Jude, Muslim, afrikanischer Gläubiger oder sogar ein Atheist den Lehren folgen, die durch die Gralsbotschaft und die daraus stammenden Lehren, namentlich das Gralswissen und das Schöpfungswissen, gegeben sind!

In Übereinstimmung mit dem heiligsten Willen Gottvaters!

13.6 Die Stätte Gottes auf Erden

Für den Herrn, alle Ehren. Es gilt, Gott zu ehren, wenn wir, Diener Christi, eine Stätte Gottes auf Erden zu verwirklichen! Mit dem Tabernakel, dem Stein der Weisen! Im Allerheiligsten! Wie war es damals, einst die Zeit von Abd-ru-shin und Moses! Und als in der Offenbarung in der Bibel angekündigt! Indem wir das Wort, die Gralsbotschaft im alltäglichen erleben! Entsprechend den Natur-, wissenschaftlichen oder göttlichen Gesetzen!

So wird Gott in der Tat mit uns sein!

„Gott mit uns" ist Imanuel, der Menschensohn! Der Heilige Geist in Person! Angekündigt von Jesus, dem Gottessohn selbst!

Wer wird das ganze Werk von Abd-ru-shin „ Im Lichter der Wahrheit" lesen, der wird wissen, wer Imanuel, der Menschensohn, der Geist der Wahrheit ist, der von Gottvater auf die Erde gesandt wird, um Seine Botschaft zu bringen, und der durch den Gottessohn, Jesus in der Bibel angekündigt wurde, und dessen Erfüllung gerade sich verwirklicht...

Und Afrika, übrigens die anderen Kontinenten auch, hat eine große Rolle zu spielen!

Die Erfüllung

Dieses Schöpfungswissen ist die Erfüllung der Prophezeiung von Imanuel, dem Menschensohn, dem Autor der Gralsbotschaft, deren Titel „Im Licht der Wahrheit" lautet. Diese Prophezeiung lautet wie folgt:
„Euch hinterlasse ich das Heilige Wort der ewigen Wahrheit... Es wird aufleben die Weisheit aus meinem Wort, und es werden Quellen des rechten Wissens entspringen in der Stofflichkeit, damit sie die Dürstenden laben, und es werden Boten hinausgehen und in meinem Namen mit dem Schwerte für das Heilige kämpfen... ""
Imanuel

Die Gralsbotschaft, das Wort, das ewige Evangelium, die Gute Nachricht ist die Erfüllung der Prophezeiung Gottes, des Lichts, des Herrn, die in der Offenbarung in folgenden Begriffen offenbart wurde:
„Diese gute Nachricht vom Königreich wird auf der ganzen Welt als Zeugnis für alle Nationen gepredigt. Dann kommt das Ende!""
Oder wie in der Apokalypse erwähnt:
„... Er hatte ein ewiges Evangelium, um es den Bewohnern der Erde jeder Nation, jedem Stamm, jeder Sprache und jedem Volk zu verkünden!""

Inhaltsübersicht

Das Heilige WORT

In Wahrheit, es gibt nur ein einziger GOTT und ein einziges WORT, das Heilige WORT!

Das Heilige WORT ist der WEG, die WAHRHEIT und das LEBEN!

« Am Anfang… Gott sprach: Es werde Licht ! Und es ward Licht! »

« Am Anfang war das Wort, das Wort war bei Gott und das Wort war Gott ! »

« Ich bin der WEG, die WAHRHEIT und das LEBEN »

Der Christus, das Licht

« Im Lichte der WAHRHEIT »

Gralsbotschaft
von
Dem Licht

Der Christus, der Mahdi, das Licht

Jesus und Imanuel !

Der Dreiklang des Gottes Wissens

1.   **Das Licht : Gott entsteht das Leben, die Bewegung**

> Das Lichtwissen

2.   **Das Gral : das besteht das Leben, die Lichtbewegung**

> Das Gralswissen

3. Die Schöpfung : die trägt das Leben, das Bewußtsein, die Gralsbewegung

> Das Schöpfungswissen

Die erste Tetralogie

erschienen

1. **Afrika vom Licht aus gesehen**

> Afrika: Wiege der Menschheit

2. **Amerika vom Licht aus gesehen**

> Amerika: Lunge der Welt

3. **Asien vom Licht aus gesehen**

> Asien: Dach der Welt

4. **Europa vom Licht aus gesehen**

> Europa: Quelle der Welt

Die zweite Tetralogie

Bald zu erscheinen

1. **Weibliche Intuition: die lebende Waffe**

> Das Kleinhirn des Weibes

2. **Weiblicher Glaube läßt alles bewegen...!**

> Das geheiligte Leib des Weibes

3. **Das Weib: die Tür des Lebens!**

> Das Geheimnis des Weibes

4. **Das Anti-Weib: die Hexenjagd!**

> Die Geheimnisse des Weibes

Die Tetralogie

__Bald zu erscheinen__

1.   **Der Drache: Der Antichrist**

Erlöse uns von dem Übel

2.   **Das erste Untier: das Anti-Weib**

Sieg des Weibes über den Dämon

3.   **Das zweite Untier: der Antimann**

Sieg des Mannes über den Phantom

4.   **Die Schlange: der Böse**

Führe uns nicht in Versuchung

Die Heptalogie
__Bald zu erscheinen__

1. **Monotheismus: Polytheismus und Animismus**

   Gottvater, Gottsohn und Gottheiligegeist

2. **Christentum: Das Geheimnis des Evangeliums**

   Der Apostel Paulus und der Christ von heute

3. **Islam: das Geheimnis des Korans**

   Der Prophet Muhammad und der Muslim von heute

4. **Buddhismus: Das Geheimnis des Mittleren Weges…**

   Der Vorläufer Buddha und der Buddhist von heute

5. **Hinduismus: das Geheimnis des Vedas...**

   Der "Gott" Krishna und der Hindu von heute

6. **Judentum: das Geheimnis des Tanaks...**

   Der König David und der Jude von heute

7. **Atheismus: das Geheimnis des Obskurantismus...**

   Der Atheist, der Agnostiker, der Anarchist von heute

Die Decalogie

Bald zu erscheinen

1.   **Die psychischen Wissenschaften von morgen**

> Psychiatrie, Psychologie, Behaviorismus

2.   **Die Geisteswissenschaften von morgen**

> Okkultismus, Spiritualismus, Magie...

3.   **Die Seelenwissenschaften von morgen**

> Mediumität, Hellsehen, Magnetismus

4.   **Die astralen Wissenschaften von morgen**

> Astrologie, Astronomie, Horoskop

5.   **Die divinatorische Wissenschaft von morgen**

> Spiele, Wetten, Divination Arts

6.   **Die metaphysischen Wissenschaften von morgen**

> Reinkarnation, Karma, Schicksal

7.   **Die internationalen Wissenschaften von morgen**

> Internationale Institutionen: UN, NGO ...

8.   **Die Sozialwissenschaften von morgen**

> Ökonomie, Ökologie, Versicherung

9.   **Die Geisteswissenschaften von morgen**

> Politik, Justiz, Recht, Arbeit

10.   **Die Kriegswissenschaften von Morgen**

> Armee, Polizei, Sicherheit

Die Tetralogie

Bald zu erscheinen

1.   **Bewusstlosigkeit: die Geburt**

Der geistige Schlaf

2.   **Bewusstsein: die Verantwortung**

Das königliche Temperament

3.   **Halbbewusstsein: die Einweihung**

Der geistige Traum

4.   **Selbstbewusstsein: das Wissen**

Das königliche Blut

Die Tetralogie

__Bald zu erscheinen__

1. Die Erde: der einzige Planet, der das Leben im Weltall trägt

Erde und Exoplaneten

2.   Der Erdenmensch: Der einzige Mensch im Weltall

Menschen und Aliens

3.   Die Wissenschaft: ein Geschenk Gottes

Entdeckungen und UFOs

4.   Das Wunder: jede Heilung, jede Erfindung

Die Humanwissenschaften und die exakten Wissenschaften

Die zweite Tetralogie

Bald zu erscheinen

1. **Die Zeit: Das Jüngste Gericht**

   Wissenschaftlich steht die Zeit bewegungslos…

2. **Der Raum: das Reich von tausend Jahren**

   Wissenschaftlich steht der Raum bewegungslos...

3. **Der Menschenkörper: die Krönung des Werkes Gottes**

   "Das ist mein Körper Körper, ißt ihn" Christus

4. **Das Blut: seine Geheimnisse und sein Geheimnis**

   "Das ist mein Blut und trinket es..." Christus

SCHÖPFUNGSWISSEN
Die Decalogie
Bald zu erscheinen

1. **Die Nahrung von morgen: Quelle der geistigen Energie**

> Koscher, Vegetarismus und Lebensmittelwissenschaft

2. **Die Medizin von morgen: Quelle der geistigen Stärke**

> Magnetismus, Strahlung und Biowissenschaften

3. **Die Arbeit von morgen: Quelle des geistigen Glücks**

> Pflicht, Treue und die exakten Wissenschaften

4. **Die Erziehung von morgen: Quelle des geistigen Friedens**

> Das Gleichgewicht zwischen Intuition und Intelligenz

5. **Der Tanz von morgen: Die Schwanenjungfrau**

> Die Bewegung von menschlichen und Himmelskörpern

6. **Die Musik von Morgen: Intuitive Kunst**

> Vibration der menschlichen und himmlischen Saiten

7. **Die Literatur von morgen: Das Himmlische Museum**

> Resonanz zwischen Gehirn und Kleinhirn, Weltlichen und Geistigen

8. **Die Hochzeit von morgen: Heiliger Ring**

> Ehen werden im Himmel geschlossen

9. **Die Architektur von morgen: Der Familientempel**

> Jungfernstädte und verrückte Städte

10. **Die Bewegung von morgen: der Gral**

> Lokale, nationale und internationale Organisationen

Die Octalogie

Bald zu erscheinen

1. **Katholiken: Reformer oder Traditionalisten**

   Der Apostel Petrus und der Katholik von heute

2. **Protestanten: Reformer oder Traditionalisten**

   Der Vorläufer Luther und der Protestant von heute

3. **Die Orthodoxen: Reformer oder Traditionalisten**

   Der Patriarch Abraham und die Orthodoxen von heute

4. **Sunniten und Schiiten: Reformer oder Traditionalisten**

   Der Vorläufer Bahi und der Muslim von heute

5. **Jehovas Zeugen: Reformatoren oder Traditionalisten**

   Der Evangelist Johannes und der Zeuge von heute

6. **Mormonen: Reformer oder Traditionalisten**

   Der Richter Joshua und die Mormonen von heute

7. **Freimaurer: Reformer oder Traditionalisten**

   Der König Salomo und die Freimaurer von heute

8. **Name: Royalist oder Republikaner?**

   Das Königreich, die Republik und die Systeme

SCHÖPFUNGSWISSEN

Die Tetralogie

Bald zu erscheinen

1. **Imanuel: Gott mit uns**

Es werde Licht

2. **Parzival: Von Gott zum Menschen**

Und es ward Licht

3. **Abd-ru-shin : Von Gott zur Erde**

Und das Licht scheint im Dunkel…

4. **Jesus: Von Gott zur Erde**

Und das Licht scheint im Dunkel…

Die Heptalogie

__Bald zu erscheinen__

1. **Abd-ru-shin: das Fleisch gewordene Wort**

> Aber ich sage euch…

2. **Elisabeth : die Urkönigin**

> Die Jungfrau und ihre Wunder in Lourdes

3. **Elisabeth : die Urmutter**

> Die Jungfrau und ihre Botschaften in Fatima

4. **Maria : die Rose des Lichts, die verkörperte göttliche Liebe**

> Kassandra: die Keuschheit, die Prinzessin von Troja

5. **Irmingard : die reine Lilie, die verkörperte göttliche Reinheit**

> Nahome: die Kindlichkeit, die Prinzessin von Ägypten

6. **Der Adler: Das Schwert des Herrn, der verkörperte Merkur**

> Moses: das Schwert, der hebräische Prinz von Ägypten

7. **Der Löwe: der Held des Herrn, der verkörperte Löwe**

> Krishna: der Held, der Prinz von Indien

Die Pentalogie

Bald zu erscheinen

1. **Die Kindheit von morgen: das Feen Zeitalter**

> Das Ende der Erbkrankheiten

2. **Die Jugend von morgen: das silberne Zeitalter**

> Das Ende von Generationskonflikten

3. **Der Erwachsene von morgen: das Zeitalter der Aktion**

> Das Ende des Gesetzes des Dschungels

4. **Das Alter von morgen: das goldene Zeitalter**

> Das Ende von Demenzerkrankungen

5. **Behinderung: ein vorläufiges und universelles Problem**

> Jeder auf der Welt hat seine Behinderung

Der königliche Adler : Priester-König

Im Dienst des Herrn, Gott, das Heilige Licht

Im Dienst des Wortes in der göttlichen Liebe

Im Dienst des Grals, in der göttlichen Reinheit

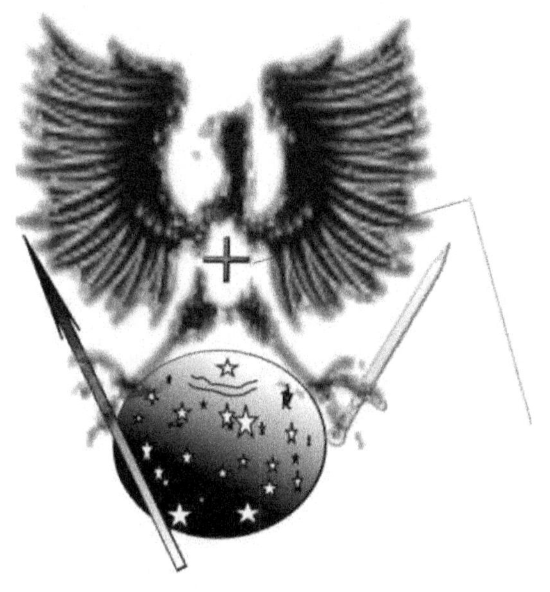

Der Adler im Dienst Gottes

Mit dem Kreuz, als Kreuzträger

Mit dem Schwert, als Schwertträger

Mit dem Speer, als Lichtträger

Mit dem Kugel, als Weltträger

Der Adler in dem Quadrat des Kreises

Der Adler : Hüter des Heiligen Grales

Der Adler im Dienst des Herrn im Kampf gegen den Drache, das Tier und die Schlange ; der Schlau und das Dunkel.

Adler Merkur Wissa ...

nach einer Zeit der geistigen und zeitlichen Ausbildung, die von Gott, dem Herrn,
vorausgesehen und gewollt wurde ...

schrieb

        - Zuallererst in seinen Zwanzigern das Lichtwissen, das unmittelbar mit dem
Licht zu tun hat, insbesondere die göttliche Welt, die nur mit dem Geist des
Menschen zugänglich ist...

        - Dann, in seinen Dreißigern, das Gralswissen, das unmittelbar mit dem Gral
zu tun hat, insbesondere die geistige Welt, die dem Geist, aber auch der Seele des
Menschen zugänglich ist...

        - Schließlich, in seinen Vierzigern, das Schöpfungswissen, das unmittelbar
mit der Schöpfung zu tun hat, insbesondere die materielle Welt, die der Seele, aber
auch dem gereinigten Verstand zugänglich ist...

www.ingramcontent.com/pod-product-compliance
Lightning Source LLC
Chambersburg PA
CBHW071403150726
48000CB00001B/140